MAGISCHE KRÄUTER

KOSMOS

SONJA SACHER
@pflanzengeist_und_seelenzauber

MAGISCHE KRÄUTER

Heilende Pflanzen und Seelenmedizin aus dem eigenen Garten

KOSMOS

INHALT

VORWORT

Hallo, du liebe Seele!

Ich freue mich, dass du mein Buch in Händen hältst und mit mir in die Welt der magischen Heilpflanzen eintauchen möchtest. Mein Name ist Sonja und ich wandere bereits seit über 30 Jahren durch die wundervolle Welt der Kräuter. Neben der Erforschung der Pflanzen in Bezug auf ihre Heilwirkung zogen mich schon immer die alten Überlieferungen und wundersamen Geschichten in ihren Bann. Die wichtigste Erkenntnis auf meinem Weg war, dass Pflanzen einen großen Einfluss auf unsere Seele haben und wir sie wunderbar nutzen können, um unsere Seele in ein harmonisches Gleichgewicht zu bringen.

In diesem Buch bringe ich dir auf leicht verständliche Weise die verborgene Seite der Pflanzenwelt näher. Neben zahlreichen Ratschlägen und Hinweisen für den Anbau von magischen Pflanzen auf dem Balkon oder im Garten sowie Tipps zum Sammeln in der Natur bekommst du zusätzlich noch zwei Pläne für Themen-Beete. Weiter findest du in diesem Buch Wissenswertes zu den Jahreskreisfesten, Anleitungen, Rezepte und Anregungen für deine Arbeit mit den magischen Kräutern.

Lasse uns gemeinsam durch meinen Hexengarten und die wilde Natur streifen und die Schätze entdecken, die Mutter Natur uns schenkt!

Deine Sonja

Kapitel 1

DIE WELT DER MAGISCHEN KRÄUTER

Seit jeher sind Kräuter und Magie untrennbar miteinander verbunden.

Unsere Vorfahren wussten genau um die geheimnisvollen Kräfte, die den Pflanzen innewohnen und weit über den medizinischen oder kulinarischen Nutzen hinausreichen. In alten Schriften und Überlieferungen finden sich zahlreiche Rezepturen sowie Anwendungs- und Sammelvorschriften. Vieles klingt für unsere Ohren seltsam und unpraktisch. Jede dieser Überlieferungen trägt jedoch ein tiefes, altes Wissen über die Energien der Pflanzen in sich. Auch heute noch können wir aus dieser Quelle des Wissens schöpfen und es für so manche Themen des Lebens nutzen. Die Essenz dieser überlieferten Regeln hat sich bis in die heutige Zeit erhalten, und wenn wir sie richtig zu deuten verstehen, eröffnet sich uns eine große Vielfalt an Möglichkeiten. Die Kräuter mit ihren unsichtbaren Kräften können uns nicht nur schützen oder von schlechten Energien befreien, sie haben auch Einfluss auf unsere Stimmung und stärken unsere Intention.

Dieses Buch lädt dich dazu ein, die uralte Kräutermagie neu zu entdecken und auf bodenständige und intuitive Art in dein Leben zu integrieren.

Wie die Magie in die Pflanze kommt …

„Früher war alles besser!“ Was die Verbindung der Menschen zur Natur betrifft, stimmt diese Aussage durchaus. Vor gar nicht allzu langer Zeit lebten die Menschen MIT der Natur und waren sich der Tatsache bewusst, dass sie ein untrennbarer Teil ihrer Umwelt waren. Sie lebten im Einklang mit der Tier- und Pflanzenwelt und im Rhythmus der Natur – vor allem für die seelische Gesundheit ein sehr erstrebenswerter Zustand. Die Menschen hatten eine viel feinere Wahrnehmung als der moderne Mensch und so konnten sie die Energien ihrer Umgebung klarer spüren und bewusst damit umgehen. Pflanzen wurden nicht nur zum Heilen des Köpers bei Krankheiten genutzt, vielmehr waren sie fester Bestandteil von religiösen Riten und Kulturen. Die magische Wirkung von Pflanzen war keine abstrakte Vorstellung, für die Menschen war dies alltägliche Realität. Sie lebten inmitten einer beseelten Natur und es war selbstverständlich, mit den Pflanzengeistern zu kommunizieren und ihnen mitzuteilen, wofür man ihre Hilfe benötigte. So nutzte man die Kraft der Pflanzen, um das eigene Schicksal günstig zu beeinflussen oder um höhere Wesen, die über die Menschen wachten, gütig zu stimmen. Aber auch in kleinere Alltagsrituale wurden die Pflanzengeister mit eingebunden, und so sind uns zahllose Vorschriften und Anleitungen für die Verwendung im alltäglichen Leben überliefert.

Magische Heilmittel

Räuchern mit den „grünen Geistwesen“ war für unsere Vorfahren ebenso wenig aus dem Leben wegzudenken wie die Herstellung magischer Heilmittel, Amulette und ritueller Gegenstände daraus. Sie wussten genau um die verborgenen Kräfte der Kräuter und Bäume und zweifelten nicht im Geringsten an der Wirkung. So war es wichtig, bestimmte Pflanzen bei sich zu tragen, um Glück und Schutz anzuziehen. Andere Pflanzen wurden im Haus aufgehängt, um Unheil, Krankheit und Blitzschlag abzuwehren.

Auch wenn sich heute immer mehr Menschen (wieder) der Vorstellung öffnen, dass pflanzliche Heilmittel oftmals ihren im Labor entwickelten Gegenstücken in ihrer Wirkung nicht nachstehen, so tun sich viele schwer mit der Vorstellung, dass eine Pflanze sehr viel mehr ist als die Summe ihrer Inhaltsstoffe und mehr als nur Heilung für den Körper zu bieten hat. Die Vorstellung von Pflanzengeistern/Pflanzenseelen und deren Wirkung auf die menschliche Seele ist in

der modernen, aufgeklärten Welt leider noch nicht so weit verbreitet. Umso mehr freut es mich, dass ich dir mit diesem Buch diese verborgene Welt ein Stückchen näherbringen darf.

Ja, wie kommt nun die Magie in die Pflanze? Die Antwort ist ganz einfach: Sie war schon immer da und wird auch immer darin sein. Wir brauchen keine Geister hineinzubeschwören und auch nicht nackt damit ums Feuer zu tanzen. Du brauchst auch keine besonderen magischen Fähigkeiten, um mit den Pflanzengeistern zu arbeiten, und das alles hat auch nichts mit schwarzer Magie zu tun. Jede Pflanze trägt ihre besonderen Energien in sich, welche mit unserer Seele im Einklang sein können. Sie haben eine eigene Aura und wenn du dich darauf einlässt, kannst du ihre wundervollen Schwingungen ganz leicht wahrnehmen. Pflanzen sind lebendige Wesen mit eigener Persönlichkeit und heilenden Kräften für Körper, Geist und Seele. Es bedarf nur ein paar Kleinigkeiten zu beachten, um die volle Kraft der „grünen Geister" für dich und deine Lieben zu nutzen. Lasse uns unserer Welt wieder ein bisschen mehr Zauber einhauchen und wieder lernen, zu staunen und die kleinen Wunder zu sehen. Was für viele nur eine gewöhnliche Pflanze ist, ist für andere eine Quelle von Freude, Heilung und Magie.

Alltagsmagie

An was denkst du, wenn du das Wort Magie hörst? An Hexen, die unverständliche Zauberformeln murmelnd in ihrem Kessel rühren oder Frauen in langen Gewändern, die singend um einen üppig geschmückten Altar mitten im Wald herumtanzen? Das hat alles nichts mit der Art von Magie zu tun, um welche es in diesem Buch geht. Alltagsmagie ist – wie das Wort ja schon sagt – eine Art der Magie, die mit wenig Utensilien und geringem Zeitaufwand auskommt und dennoch äußerst wirksam ist. So kann zum Beispiel die Zubereitung einer Tasse Tee zu einem kleinen magischen Alltagsritual werden. Wenn ich meine Teekräuter ausgewählt habe, so halte ich sie für einen Moment in der Hand und denke an die Energie, die sie mir bringen sollen. Das kann Ruhe und Entspannung, aber auch Klarheit, Inspiration und Trost sein. Mit jedem Schritt bei der Zubereitung verankere ich in Gedanken meine Absicht. Wenn ich dann den Tee in Ruhe genieße, nehme ich die gewünschten Eigenschaften in mich auf. Auch beim bewussten Zubereiten von Speisen, beim Entzünden einer Kerze oder bei einem wohltuenden Bad kann ich meine Intentionen mit einfließen lassen.

Das alles gehört zur Alltagsmagie:

✦ **Das Besprechen von kleinen Gegenständen** wie Steine, Kristalle, Schmuckstücke, aber auch Geldbörsen, Kleidung oder Schlüssel mit einer bestimmten Absicht, damit uns diese Gegenstände im Alltag als Anker dienen. Du kannst zum Beispiel einem Stein die Eigenschaft zusprechen, dass er für Stärke und Vertrauen steht. Trägst du ihn bei dir, so begleiten dich Stärke und Vertrauen durch den Tag.

✦ **Tee-/Kaffee-Magie** – Ja, auch mit der morgendlichen Tasse Kaffee kannst du klare Intentionen setzen, zum Beispiel „Mach mich wach, damit ich mit klaren Gedanken und voller Energie durch den Tag gehe". Oder gib bestimmten Kräutern die Aufgabe, ihre volle Heilkraft für dich zu entfalten.

✦ **Energetisierung von Wasser mit Kräutern** – Hier gibst du einfach passende Kräuter in dein Wasserglas. Minze bringt dir klare Gedanken, Melisse Gelassenheit, Lavendel Ruhe und Entspannung, Waldmeister Geborgenheit und Leichtigkeit.

✦ **Küchen-Magie** – Verleihe deinen Gerichten nicht nur eine besondere kulinarische Note mit Gewürzen, gib deinem Leben eine Prise Lebensfreude mit Ringelblume, Inspiration mit Rosmarin oder Liebeszauber mit Liebstöckel.

✦ **Kerzen-Magie** – Eine sehr kraftvolle Methode, um deine Absichten in die geistige Welt zu tragen. Besonders wirksam ist sie, wenn du zu deiner Absicht die passenden Kräuter mit einarbeitest – entweder durch das Streuen der Kräuter um die Kerze oder das Salben der Kerze mit einem passenden Kerzen-Öl.

✦ **Bade-Magie** – Hier badest du sprichwörtlich in der Energie der Kräuter. Das mit der Absicht aufgeladene Wasser umgibt deinen ganzen Körper und hüllt dich mit den guten Energien der Pflanzen ein. Vor allem zur energetischen Reinigung ist ein Vollbad wunderbar geeignet.

✦ **Räucher-Magie** – Die wirkungsvollste Methode, um durch die Pflanzen deine Intention in die geistige Welt zu tragen. Hierbei kannst du das alltagstaugliche Räucherstövchen nutzen, um überall und jederzeit die Räucher-Magie praktizieren zu können.

Wie du siehst, kannst du die Alltagsmagie wunderbar in dein Leben integrieren. Es gibt dabei im Prinzip auch nichts, was du falsch machen könntest. Wichtig ist, dass du mit klaren Absichten vorgehst und deine Intention entweder in Gedanken oder noch besser laut aussprichst.

Auch wenn diese kleinen Rituale auf den ersten Blick fast zu einfach erscheinen mögen, entfalten sie dennoch eine bemerkenswerte Kraft und wirken tief auf Körper, Geist und Seele.

Anbau und Ernte magischer Pflanzen

Der eigene Anbau magischer Pflanzen ist eine wundervolle, kraftvolle Möglichkeit, sich tiefgreifend mit der Seele der Pflanzen zu verbinden. Wenn du beginnst, mit deinen eigenen Händen in der Erde zu wühlen, Samen zu setzen, zarte Keimlinge zu pflegen und ihre Entwicklung über Wochen und Monate zu begleiten, dann öffnet sich ein ganz besonderer Raum. Jede Begegnung mit deiner Pflanze – sei es durch Berührung, Pflege oder Beobachtung –, hilft nicht nur der Pflanze zu wachsen und zu gedeihen, sondern nährt auch deine eigene Seele.

Ob im Garten oder auf einem kleinen Balkon, es braucht nicht viel, um ein kleines grünes Zauberreich zu erschaffen. Auf kleinster Fläche entfaltet sich pure Magie, wenn du mit Liebe und Hingabe pflanzt und pflegst.

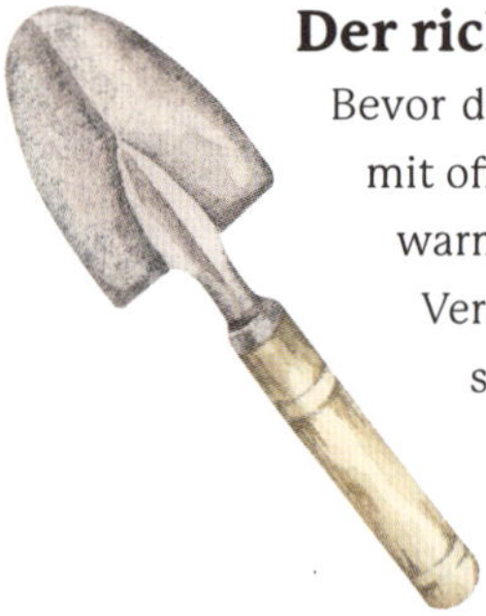

Der richtige Platz

Bevor du zur Tat schreitest, nimm dir Zeit für die Vorbereitung. Gehe mit offenen Sinnen durch deinen Garten: Wo ist es besonders hell, wo warm, wo eher feucht? Gibt es Plätze, die dich magisch anziehen? Vertraue deinem Gefühl – es kennt den richtigen Ort. Viele magische Pflanzen wie Salbei, Rosmarin oder Lavendel bevorzugen einen sonnigen, trockenen und nährstoffarmen Standort. Der Boden sollte durchlässig und locker sein. In schweren, lehmigen Böden hilft die Zugabe von Sand oder feinem Kies. Kompost versorgt deine Pflanzen zusätzlich mit wertvollen Nährstoffen, sollte aber nur sparsam eingesetzt werden, da viele Kräuter eher einen kargen Boden bevorzugen.

Magische Kräuter vom Balkon

Wenn du keinen Garten hast, ist das keineswegs ein Hindernis. In Töpfen, Balkonkästen oder größeren Pflanzgefäßen gedeihen viele Pflanzen wunderbar. Selbst kleine Pflanztröge oder selbst gestaltete Schalen können auf Terrasse oder Balkon viel Magie verströmen und zu einem vertrauten Ort werden, der sich während des Jahres immer wieder wandelt und dich an den Lauf von Werden und Vergehen erinnert. Achte hierbei auf eine gute Drainage, damit sich keine Staunässe bildet – ein paar Tonscherben oder Kiesel als unterste Schicht im Pflanzgefäß sind da sehr hilfreich.

Besonders gut für einen Topfgarten geeignet sind:

- ✦ **Salbei:** Reinigung, Zuversicht, Schutz, Trost, Ahnenarbeit
- ✦ **Thymian:** Wohlstand, Schutz, Abwehr, inneres Gleichgewicht, Reinigung
- ✦ **Lavendel:** Trost, Lebensfreude, Veränderung, Ruhe, Ausgleich
- ✦ **Rosmarin:** Reinigung, Klarheit, Erinnerung
- ✦ **Melisse:** Lebensfreude, Trost, Klarheit, Veränderung, Heilung
- ✦ **Basilikum:** Glück, Erfolg, Wohlstand
- ✦ **Minze:** Klarheit, Lebensfreude, Energie, Mut, Zuversicht, Glück
- ✦ **Efeu:** Visionen, Verbindung mit der inneren Quelle

Kräuter pflanzen

Vielleicht machst du ein kleines Ritual beim Pflanzen und segnest die Erde, bevor du sie verwendest, oder sprichst beim Einpflanzen einen Wunsch. So wird dein Garten und selbst das kleinste Pflanzgefäß zu einem Ort der Kraft und deine Verbindung zu dem Pflanzenwesen gestärkt.

Kräuterschnecke mit Räucherkräutern

Eine Kräuterschnecke ist ein kraftvoller, lebendiger Ort, an dem Magie und Natur sich wunderbar vereinen. Durch ihre Spiralform erinnert sie an uralte Symbole des Lebens, der Transformation und der inneren Reise. Sie lädt dich ein, mit jedem Schritt, den du dich ihrer Mitte näherst, auch einen Schritt weit in die magische Welt der Pflanzengeister zu gehen. Gleichzeitig ist sie ein wunderschöner Blickfang im Garten, der auf kleinem Raum viele verschiedene Pflanzenarten beherbergen kann.

Die besondere Form der Kräuterschnecke schafft unterschiedliche Feuchtigkeits- und Temperaturzonen: Während der obere Bereich sonnig, trocken und eher mager ist, bleibt der untere Teil durch die Nähe zum Boden

feuchter und kühler. So entsteht ein Mikrokosmos, der es erlaubt, Pflanzen mit ganz verschiedenen Bedürfnissen auf kleinstem Raum zu kultivieren.

- **Im oberen, sonnigsten Bereich** fühlen sich mediterrane Kräuter besonders wohl, mit denen man auch gut räuchern kann: Salbei, Lavendel, Thymian, Rosmarin und Ysop.
- **Der mittlere Bereich** bietet gemäßigte Bedingungen – leicht feucht, halbschattig und nährstoffreicher: Beifuß, Dost, Kamille, Malve, Ringelblume, Johanniskraut oder Schafgarbe.
- **Am Fuß der Schnecke** ist es feucht, kühl und schattiger: perfekt geeignet für Melisse, Minze, Eisenkraut, Frauenmantel, Odermennig, Erdrauch, Efeu oder Waldmeister.

Gebaut wird eine Kräuterschnecke am schönsten aus natürlichen Materialien. Unregelmäßige Steine oder alte Ziegel verleihen ihr einen besonderen Charme und fügen sich harmonisch in den Garten ein. Ein kleiner Pfad rundherum lädt dazu ein, immer wieder stehen zu bleiben, zu riechen, zu fühlen und zu ernten. In der Mitte kann ein besonderer Akzent gesetzt werden – eine Schale, eine kleine Statue oder auch ein mit Bändern geschmückter Pfosten aus Holz –, welcher die Mitte markiert.

Das Anlegen dieser Spirale ist mehr als Gartenarbeit – es ist ein Gestalten mit Achtsamkeit und Hingabe. Jede Pflanze wird bewusst gesetzt, an den Platz, der ihr am besten entspricht. Du kannst beim Pflanzen ein stilles Wort der Dankbarkeit sprechen oder mit jeder Pflanze einen Wunsch mit in die Kräuterschnecke geben. So wird sie nicht nur zu einem Beet, sondern zu einem kleinen Kraftplatz im Freien – lebendig, magisch und eng mit den Jahreszeiten verbunden.

Mit ihrer Mischung aus Funktionalität und Schönheit schenkt die Kräuterschnecke das ganze Jahr hindurch etwas: frische Kräuter für Tee oder Räucherwerk, Nahrung für Bienen und Schmetterlinge, und uns Menschen einen Platz, an dem wir die Magie der Natur ganz besonders spüren können. Gib den Pflanzengeistern an diesem Ort immer wieder kleine Opfergaben in Form von Kristallen, kleinen Schneckenhäusern, Mehl oder Honig. Vielleicht möchtest du in deine Kräuterschnecke einen kleinen Altarbereich integrieren, an welchem du die kleinen Opfergaben ablegen kannst.

Magisches Heilpflanzenbeet

Ein eigenes Beet für magische Heilpflanzen zu gestalten, ist eine wunderbare Möglichkeit, dich mit der Naturmedizin und der Pflanzenmagie ganz unmittelbar zu verbinden. Es entsteht ein lebendiger Raum, in dem nicht nur heilsame Pflanzen wachsen, sondern auch altes Wissen und spirituelle Verbindung gedeihen dürfen. Mit jedem achtsam angelegten Beet verbindest du dich tiefer mit der Natur und erschaffst einen Ort der Kraft, der dich über viele Jahre begleiten kann. Lasse dich bei der Gestaltung intuitiv von der Natur anleiten, so wird das Beet zum Spiegelbild deiner Seele.

Ein magisches Heilpflanzenbeet holt die uralte Volksheilkunde in die heutige Zeit. Hier wachsen nicht nur Arzneien für den Körper, sondern auch magische Helfer und Wegbegleiter für die Seele.

Wähle den **Standort** deines Beetes mit Bedacht. Idealerweise liegt er an einem Ort, der dich zur Ruhe kommen lässt – vielleicht in einer geschützten Ecke deines Gartens, nahe eines Baumes oder neben einem Wasserlauf. Auch ein sonniger Platz inmitten deines Gartens kann kraftvoll wirken. Bedenke dabei, dass dieses Beet mehr sein wird als nur ein Ort zum Pflanzen und Ernten. Es kann Rückzugsort, Ritualplatz, Meditationsraum oder heiliger Kreis sein – ein Ort, der dich über das ganze Jahr hinweg in deinem magischen Tun begleitet. Vielleicht errichtest du einen kleinen Steinkreis, platzierst eine Figur oder einen Kristall in der Mitte – so wird das Beet auch optisch zum Zentrum deiner grünen Magie.

Bei der **Auswahl der Pflanzen** kannst du ganz deinen Vorlieben nachgehen. Pflanzenwesen mit einem tiefen Bezug zur Volksmagie sind zum Beispiel Schafgarbe, Johanniskraut, Königskerze, Ringelblume, Kamille, Beifuß, Wermut, Frauenmantel, Salbei, Lavendel, Thymian, Dost, Ysop, Malve, Schlüsselblume und Eisenkraut für sonnige Beete und Melisse, Minze, Veilchen sowie Waldmeister für halbschattige Gartenecken.

Eines ist bei der **Anlage** eines magischen Heilpflanzenbeetes besonders wichtig: Die Pflanzen sollten so angeordnet werden, dass sich die größten Arten – wie Königskerze oder Beifuß –

im Zentrum befinden und die Höhe nach außen hin sanft abnimmt. Am Rand sonniger Beete fühlen sich Thymian und Frauenmantel besonders wohl, Waldmeister am Rand halbschattiger Beete. Dieser harmonische Aufbau sorgt dafür, dass jede Pflanze ausreichend Licht bekommt. Lasse mehrjährigen Pflanzen wie Melisse, Lavendel oder Frauenmantel genügend Raum, um sich im Laufe der Jahre auszubreiten. Achte außerdem auf eine Abfolge der Blütezeiten, damit dein Beet von Frühling bis Herbst lebendig bleibt.

Pflege deine Pflanzen mit Hingabe und Dankbarkeit. Sprich mit ihnen, beobachte sie und nutze die Zeit im Beet auch für deine eigene Erdung. Du wirst bald merken: In einem magischen Heilpflanzenbeet geschieht weit mehr als nur Wachstum. Hier wirken Kräfte, die tief in dein Leben hineinwirken können – leise, kraftvoll und heilsam zugleich.

Ernten, Sammeln und Trocknen

Die Ernte von Heil- und Räucherpflanzen ist nicht nur ein praktischer Arbeitsschritt, sondern auch ein stiller, beinahe heiliger Moment. In vielen alten Traditionen galt das Schneiden einer Pflanze als ein Austausch – du nimmst etwas, und du gibst etwas zurück. Darum lohnt es sich, diese Zeit bewusst zu gestalten. Vielleicht magst du die Pflanze innerlich um Erlaubnis bitten oder ein paar Worte des Dankes sprechen. Eine schöne Geste und ein Zeichen der Wertschätzung ist es, den Pflanzengeistern mit etwas Brot, Milch, Honig oder ein paar Kupfermünzen zu danken.

Für die **Ernte** eignen sich kleine Körbe, die du mit einem sauberen Baumwolltuch auslegst. Das Tuch verhindert, dass kleine Pflanzenteile durch die Korblücken verloren gehen, und hält die Ernte sauber. Stofftaschen sind nur bedingt geeignet, da die Pflanzen darin leicht zerdrückt werden und sich verschiedene Arten vermischen, was das anschließende Sortieren erschwert. Ernte nur so viel, wie du wirklich benötigst – so bleibt der Bestand gesund und kann sich weiter entfalten. Der beste Zeitpunkt für die Ernte ist ein trockener Vormittag, wenn der Tau bereits verdunstet ist, aber die Sonne noch nicht zu hoch steht.

MONDPHASEN BEACHTEN

In der magischen Kräuterkunde spielt der Mond eine wichtige Rolle, da er die Kräfte in einer Pflanze beeinflusst.

- Bei **zunehmendem Mond** steigt die Energie in Blätter, Blüten und Samen. Jetzt ist die beste Zeit, um oberirdische Pflanzenteile zu ernten, die später als Tee, Räucherwerk oder Heilmittel dienen sollen.
- Bei **abnehmendem Mond** ziehen sich die Kräfte in die Wurzeln zurück – der ideale Moment, um Wurzeln, zum Beispiel von Baldrian, Angelika oder Löwenzahn, zu sammeln.
- Besonders kraftvoll ist die **Ernte zu Vollmond, denn zu diesem Zeitpunkt haben die Pflanzen die meiste Energie, das Aroma ist intensiver und die Wirkung besonders stark.**
- Mit dem **Neumond** beginnt ein neuer Zyklus. Jetzt ist der richtige Zeitpunkt, um Samen zu säen oder Schnittmaßnahmen vorzunehmen – alles, was neues Wachstum anregen soll.

Wenn du in der freien Natur sammelst, wähle saubere, unbelastete Standorte. Straßenränder, stark gedüngte Wiesen oder Feldränder sind tabu. Achte darauf, immer ausreichend Pflanzen stehen zu lassen, damit sie sich weiter ausbreiten können. Einige Arten wie die Echte Schlüsselblume sind gesetzlich geschützt und dürfen nicht gesammelt werden. Naturschutzgebiete sind grundsätzlich Sammelverbotszonen.

Zum **Trocknen** bündelst du die frisch geernteten Pflanzen locker zu kleinen Sträußen. Binde sie mit Bast oder Naturgarn zusammen und hänge sie kopfüber an einem schattigen, gut belüfteten Ort auf. Direkte Sonne solltest du vermeiden, da sie die Inhaltsstoffe und Farben schneller verblassen lässt. Einzelne Blätter oder Blütenköpfe kannst du lose auf einem Geschirrtuch oder einem alten Bettlaken ausbreiten. Wende sie gelegentlich, damit sie gleichmäßig trocknen. Sobald die Blätter beim Anfassen rascheln und sich leicht zwischen den Fingern zerreiben lassen, sind sie fertig.

Lagere die getrockneten Pflanzenteile in sauberen, dunklen Gläsern oder gut verschließbaren Dosen. Beschrifte jedes Gefäß mit dem Pflanzennamen und dem Erntedatum – so behältst du den Überblick und nutzt die Kräuter in ihrer besten Qualität. Richtig gelagert bleiben ihre heilenden und magischen Kräfte bis zur nächsten Ernte zu erhalten.

Was die Pflanzengeister mögen

Pflanzen sind wie auch Menschen und Tiere Träger besonderer, feinstofflicher Energien, und jedes pflanzliche Lebewesen wird von einem Pflanzengeist begleitet. Sie sind sozusagen die Hüter der Pflanzenwelt, umhüllen jeden Baum und jedes Kraut mit ihrer Aura und sind die Seele der Natur. Pflanzengeister wirken aber nicht nur schützend, kräftigend und stärkend auf die physischen Pflanzen, sondern auch auf uns Menschen. Sie sind es, die uns mit ihrer innewohnenden Magie unterstützen und unsere Seele heilen.

Dein Garten ist nicht nur ein Stück Land – er ist ein magischer Ort, an dem Natur und feinstoffliche Energien ein harmonisches Miteinander leben können. Die Pflanzengeister sind stille Begleiter, die darauf warten, deine Pflege und Aufmerksamkeit zu spüren. Wenn du mit Liebe und Respekt vorgehst, wirst du bemerken, wie dein Garten zu einem Ort wird, der nicht nur wächst und blüht, sondern auch deine Seele nährt. Und geht es den Pflanzengeistern in deinem Garten gut, fühlen sich auch die Pflanzen und Tiere darin wohl. Um für ihr Wohlbefinden zu sorgen, brauchst du nur ein paar kleine Dinge beachten:

Greife so wenig wie möglich in die natürliche Ordnung ein. Die Natur weiß am besten, wie sie einen Raum erschafft, der ein harmonisches Zusammenleben von Pflanzen und Tieren ermöglicht. Außerdem erleichterst du dein Leben mit einem Garten enorm, wenn du wenigstens ein kleines bisschen die Kontrolle abgibst und die Natur ein Stückweit einfach „machen" lässt.

Pflanzengeister lieben Insekten

Für gute und harmonische Energien in deinem Garten gehört es einfach dazu, dass es summt und brummt. Insekten sind wiederum die Nahrungsquelle für viele Vögel und Kleintiere im Garten. Wenn du deinen Garten oder die Gestaltung deines Balkons planst, beziehe Pflanzen, die Insekten anlocken wie Melisse, Lavendel, Thymian, Rosmarin und Oregano mit ein. Insektenfreundliche Pflanzen, die sich gerne selbst ansiedeln, sind zum Beispiel Löwenzahn, Rote und Weiße Taubnessel, Brennnessel, Wilde Möhre, sämtliche Klee-Arten, Schafgarbe und Johanniskraut. Überlasse den Wildkräutern einige Ecken deines Gartens und entferne sie wirklich nur an Stellen, an denen sie überhandnehmen und andere Pflanzen am Wachstum hindern.

Wichtig ist, zu verstehen, dass nicht nur die Pflanzen als Nahrungsquelle für die Tiere dienen – umgekehrt brauchen die Pflanzen auf der physischen Ebene die Insekten zum Bestäuben und auf der feinstofflichen Ebene für ein harmonisches Umfeld, in dem sie die Möglichkeit haben, gut wachsen und gedeihen zu können. Sorge für eine bunte Artenvielfalt, denn nichts wirkt energetisch ärmer und kraftloser als Monokultur im Garten.

Neben der Nahrung sind für die Insekten auch Rückzugsmöglichkeiten im Garten sehr wichtig. Richte ein paar geschützte Ecken in deinem Garten ein, in welchen Laub und kleine Äste liegen bleiben dürfen und wo kleine Hügel aus aufgeschichteten Steinen das Gesamtbild auflockern. Sie bieten der Insektenwelt nicht nur Schutz, sondern dienen auch als Brutstätten. Solche vielleicht sogar mit Moos bewachsenen, geschützten Stellen sind Orte, an denen sich neben Tieren und Insekten auch die Pflanzengeister sehr gerne aufhalten. Außerdem bietet ein großer Laubhaufen Igeln Schutz, und aufgeschichtete Steine sind ein perfekter Ort für Eidechsen. Eine hochkant aufgestellte Schublade eines ausrangierten Schränkchens lässt sich im Handumdrehen in ein Insektenhotel verwandeln. Fülle die Schublade hierzu einfach mit kleingeschnittenen Aststücken, vor allem mit hohlen Stängeln, die beim Rückschnitt deiner Stauden angefallen sind.

Achte bitte darauf, keinen künstlichen Dünger oder gar chemische Insektenschutzmittel zu verwenden! Kräftige deine Pflanzen mit naturbelassenem Dünger wie Brennnesseljauche und vertreibe mögliche Schädlinge mit unbedenklichen Hausmitteln wie Schmierseife oder schwarzem Tee.

Ein Natur-Altar als Dank

Eine wundervolle Möglichkeit, sich bei der geistigen Welt und den Pflanzengeistern für die Fülle im Garten zu bedanken, ist die Errichtung eines kleinen Natur-Altares. Ein solcher Natur-Altar hat eine besondere Energie, welche die Pflanzengeister magisch anzieht. Nutze diesen besonderen Platz, um deine Dankbarkeit zum Ausdruck zu bringen, oder auch um kleine Natur-Rituale durchzuführen. Es braucht nicht viel, um einen solchen spirituellen Platz zu errichten. Suche hierfür einen ruhigen, ungestörten Ort in deinem Garten. Optimal wäre eine Stelle, die sich etwas abseits befindet und vielleicht auch vor neugierigen Blicken geschützt liegt. Nicht jeder ist offen für dieses Thema und so kannst du selbst entscheiden, ob Außenstehende etwas davon zu sehen bekommen. Als Oberfläche eignet sich ein Platz auf einer kleinen Natursteinmauer, ein großer Stein, ein alter Tisch oder auch einfach ein mit Steinen umrandetes Fleckchen Erde. Schön machen sich auf dem Natur-Altar Materialien wie kleine Schneckenhäuser, besondere Steine, Muscheln, Zweige, Treibholz, aber auch Alltagsgegenstände wie Vasen, Tassen, Kerzenhalter und Räucherschalen. Alte Fundstücke sind hier besonders dekorativ. Aus einer Schale könntest du zum Beispiel eine Insekten- oder Vogeltränke machen. Ein paar frische Blumen und etwas Räucherwerk können zum Dank dargebracht werden. Aber auch etwas Obst, Nüsse, Mehl, Bier oder ein paar Kupfermünzen sind wundervolle kleine Opfergaben. Achte unbedingt darauf, diesen Platz sauber zu halten und entferne regelmäßig verwelkte Blumen und Kerzenreste. Dies ist sehr wichtig, damit sich die Pflanzengeister auch während deiner Abwesenheit an diesem Platz wohlfühlen können.

Bänder und Glöckchen sorgen für Lebendigkeit

Pflanzengeister lieben bunte Bänder und Glöckchen. Diese kleinen, farbenfrohen Elemente kannst du ganz einfach in deinem Garten anbringen und so eine harmonische Verbindung schaffen, die nicht nur die Geister erfreut, sondern auch deinem Garten eine persönliche, lebendige Note verleiht. Befestige hierzu kleine Schellen oder Glöckchen an bunten Bändern und hänge diese in die Zweige von Bäumen und Sträuchern. Wenn der Wind weht, erklingen wunderbare Töne, die nicht nur die Pflanzengeister, sondern auch uns Menschen erfreuen. Wenn du besonders begabt bist, kannst du auch ein Windspiel daraus basteln.

Grundrezepte

Ich möchte dir Rezepte und Tipps geben, die du ganz leicht zu Hause – auch ohne Vorkenntnisse – nachmachen kannst. Die hier angegebenen Grundrezepte sind auf sämtliche Pflanzen übertragbar, soweit nichts anderes angegeben ist. Auf den folgenden Seiten findest du Rezepturen, die sowohl für klassische Heilmittel als auch für Hilfsmittel für die energetisch-magische Arbeit genutzt werden können. Die Rezepturen sind für Erwachsene ausgelegt, nicht für Kinder. Vorsicht ist generell geboten bei Schwangerschaft und Stillzeit.

TIPP
So findest du die passende Pflanze für dein Thema

Frühlingsthemen: Seite 35

Sommerthemen: Seite 67

Herbstthemen: Seite 93

Winterthemen: Seite 117

Tee

Die wohl beliebteste Anwendungsform von Kräutermedizin ist der Tee-Aufguss. Er kann sowohl aus frischen als auch aus getrockneten Pflanzen zubereitet werden, ich persönlich bevorzuge getrocknete Kräuter. Wie du Pflanzen richtig trocknest, kannst du auf Seite 20/21 nachlesen. Bei einigen Kräutern kann die Menge pro Tasse sowie die Ziehzeit variieren, grundsätzlich gilt jedoch:

✦ Pro Tasse 1 bis 2 Teelöffel des Krautes (oder der Mischung) mit den Händen grob zerkleinern und mit kochendem Wasser übergießen.
✦ 5 bis 8 Minuten zugedeckt ziehen lassen, danach abseihen. Zugedeckt deshalb, damit sich die im Wasser gelösten Wirkstoffe wie ätherische Öle nicht verflüchtigen, wenn du den Tee zu Heilzwecken nutzen möchtest.

Mit dem Tee-Aufguss kannst du:
✦ körperliche Beschwerden lindern
✦ Pflanzenenergien verinnerlichen
✦ einen Badezusatz herstellen, um zum Beispiel die reinigende Wirkung von Salbei, Schafgarbe und Rosmarin zu nutzen. Hierzu brauchst du etwa 3 bis 4 Tassen des Tee-Aufgusses, welcher dem Badewasser zugefügt wird.
✦ Ritual-Gegenstände aufladen (mit Eisenkraut, Gundermann, Schafgarbe) oder energetisch reinigen (mit Salbei, Beifuß, Thymian)
✦ deine Manifestationen stärken, indem du den Tee mit deinen Absichten und Wünschen „besprichst“
✦ Pflanzen-Essenzen ersetzen, wenn du gerade keine Tinktur zur Herstellung einer Essenz zur Hand hast

Tinktur

Tinkturen sind alkoholische Pflanzenauszüge aus frischen oder getrockneten Pflanzen. Durch den Alkoholgehalt sind sie nahezu unbegrenzt haltbar, verlieren jedoch mit der Zeit an Wirkung. Idealerweise solltest du richtig gelagerte Tinkturen innerhalb von zwei Jahren aufbrauchen.

Du brauchst dafür:
✦ Pflanzen, einzeln oder als Mischung
✦ Alkohol mit mindestens 38 Vol.-% (Wodka, Korn)
✦ Ansatzglas (Schraublas mit Deckel)
✦ Sieb
✦ Glasflasche zur Aufbewahrung

So gehst du vor:

Zerkleinere die Pflanzenteile grob mit den Händen. Fülle sie locker zu etwa zwei Drittel in ein helles Schraubglas und gieße mit dem Alkohol bis kurz unter dem Rand auf. Stelle das verschlossene Glas an einen hellen Ort, sodass es jeden Tag etwas Sonnen- und Mondlicht abbekommt. Schwenke den Ansatz alle paar Tage durch, so ahmst du die sanfte Bewegung des Windes nach. Nach vier Wochen – also einer Mondphase – gießt du den Ansatz durch ein Sieb, füllst die fertige Tinktur in eine Glasflasche und bewahrst diese kühl und dunkel auf.

Die fertige Tinktur findet Verwendung:

✦ in Putzwasser zum Energetisieren oder Reinigen von Räumen, z. B. Salbei für Reinigung, Rose für Harmonie, Lavendel für Ruhe

✦ zum Einreiben der Hände vor bestimmten Handlungen, um deinen Fokus auf ein Thema zu lenken und die Energien zu verstärken, z. B. Kamille zu Heilung, Minze für Wohlstand

✦ zum Aufladen oder Reinigen von Talismanen

✦ als Heilmittel

Pflanzen-Essenz

Pflanzen-Essenzen bestehen aus einem alkoholischen Pflanzenauszug, Quellwasser und optional ätherischen Ölen. Die Anwendung ist sehr einfach, du brauchst nur ein paar Sprühstöße „in deine Aura“ oder in den Raum abzugeben. So kann die Energie der Pflanze auf deine Stimmung einwirken, dich aber auch mit schützenden oder reinigenden Energien umgeben. Die Pflanzen-Essenzen sind etwa ein Jahr haltbar, wenn du sie kühl und dunkel lagerst.

Du brauchst dafür:

✦ fertige Tinktur

✦ Quellwasser (oder stilles Mineralwasser)

✦ Glasflasche mit Sprühaufsatz

So gehst du vor:

Suche eine zu deinem Thema passende Tinktur und mische sie im Verhältnis 1:1 mit Quellwasser. Möchtest du verschiedene Tinkturen verwenden, mische sie zu je gleichen Teilen. Gieße die Mischung in eine Sprühflasche und füge eventuell noch ein paar Tropfen dem Thema entsprechende ätherische Öle hinzu.

Mit der fertigen Pflanzen-Essenz kannst du:
- die Energien in deinem Umfeld beeinflussen
- positiv auf deine Stimmung einwirken

Ritual-Öl

Ritual-Öle sind eine wundervolle Möglichkeit, die magische Kraft der Pflanzen zu nutzen. Die Herstellung ist genauso einfach wie die Anwendung.

Du brauchst dafür:
- getrocknete Kräuter
- Pflanzenöl deiner Wahl (z. B. Sonnenblume, Raps, Olive)
- Schraubglas
- leere kleine (Pipetten-)Flasche

So gehst du vor:
Gib die Kräuter in ein helles Schraubglas und gieße mit dem Pflanzenöl auf, bis alle Pflanzenteile mit dem Öl bedeckt sind. Stelle das verschlossene Glas an einen hellen, warmen Ort. Der Ansatz darf eine Mondphase lang ziehen und dabei den Energien von Sonne und Mond ausgesetzt sein. Schwenke das Ansatzglas immer wieder sanft durch, um den Windhauch nachzuahmen. Ist der Ölansatz fertig, gießt du ihn durch ein Sieb in eine leere Flasche. Eine Pipetten-Flasche ist hierfür besonders gut geeignet, um später die benötigte Menge des Öls sauber entnehmen zu können. Optional kannst du noch passende ätherische Öle und für die Optik passende getrocknete Kräuter beifügen.

Mit dem Ritual-Öl kannst du:
- zum Thema passende Kerzen salben
- deine Hände mit den entsprechenden Energien der Kräuter aufladen, um zum Beispiel ein Heilungsritual durchzuführen – hierfür kannst du u. a. Kamille, Ringelblume, Frauenmantel verwenden
- bestimmte Körperstellen energetisieren, z. B. die Herzgegend mit herzöffnenden Kräutern wie Linde und Melisse, die Füße zur Erdung mit Brennnessel und Erdrauch

Salbe

Die Herstellung einer Salbe ist einfach, die Wirkung enorm – dies gilt sowohl für die Heil- als auch die energetische Wirkung. Für frische Pflanzen bevorzuge ich den sogenannten Warmauszug, getrocknete Kräuter verarbeite ich zu einem Ölansatz. Der Warmauszug hat den Vorteil, dass sehr „saftige" Pflanzenteile im Öl nicht schimmeln, was beim Ölauszug, wenn er nicht täglich kontrolliert wird, durchaus vorkommen kann. Getrocknete Pflanzenteile hingegen sind wunderbar geeignet, um sie über einen längeren Zeitraum im Öl ziehen zu lassen.

Zur Herstellung einer Salbe benötigst du als Erstes einen Ölauszug, egal in welchem Auszugsverfahren hergestellt.

Du brauchst für einen warmen Ölauszug:

- ✦ Ansatzglas
- ✦ Pflanzenmaterial
- ✦ hochwertiges Pflanzenöl (z. B. Mandel, Sonnenblume, Olive)

So gehst du vor:

Gib die grob zerkleinerten, frischen Pflanzenteile in ein Glas und übergieße diese mit dem Pflanzenöl. Stelle das Glas in ein Wasserbad und erwärme dieses langsam (das Wasser sollte sehr warm sein, jedoch auf gar keinen Fall kochen). Lasse das Glas für etwa 2 bis 3 Stunden im Wasserbad stehen. Danach lässt du den Ansatz im Glas abkühlen und für mindestens noch mal 12 Stunden ruhen. Gieße das fertige Öl zuerst durch ein Sieb und danach erneut in ein sauberes Glas.

Bei der Variante mit den getrockneten Pflanzen gehst du wie folgt vor: Gib das getrocknete, grob zerkleinerte Kraut in ein helles Schraubglas und gieße mit dem Pflanzenöl auf, bis alle Pflanzenteile mit dem Öl bedeckt sind. Stelle das verschlossene Glas an einen hellen, warmen Ort. Auch hier darf der Ansatz für eine Mondphase ziehen und dabei den Energien von Sonne und Mond ausgesetzt sein. Schwenke das Ansatzglas immer wieder sanft durch, um den Windhauch nachzuahmen. Ist der Ölansatz fertig, gießt du ihn durch ein Sieb in ein sauberes Glas. Nun kann das eigentliche Salben-Rühren beginnen.

Du brauchst dafür:

- ✦ 10 g Bienenwachs pro 100 ml Öl
- ✦ saubere Salben-Tiegel oder alternativ kleine Schraubgläser
- ✦ Holzspatel

So gehst du vor:

Stelle das Glas mit dem Ölauszug in ein Wasserbad und erwärme dieses langsam. Wenn das Öl beginnt, warm zu werden, kannst du das Bienenwachs hinzufügen und langsam einrühren, bis es sich vollständig aufgelöst hat. Dann gießt du das Gemisch in saubere Tiegel und lässt die Salbe abkühlen und aushärten, bevor du den Tiegel mit dem Deckel verschließt. Wenn du die Salbe stets mit einem sauberen Spatel entnimmst, ist sie im Kühlschrank gelagert etwa ein Jahr lang haltbar.

Die fertige Salbe kannst du:

- ✦ äußerlich auf der Haut anwenden, um die energetische Pflanzenkraft in dich aufzunehmen
- ✦ nutzen, um Kerzen zu salben und so die Pflanzenkraft auf diese zu übertragen

Badesalz

Vor allem, um die reinigende Wirkung von Pflanzen wie Salbei zu nutzen, ist ein Vollbad mit zugesetztem Badesalz wunderbar geeignet. Du kannst es leicht auf Vorrat herstellen, denn es ist bei richtiger Lagerung nahezu unbegrenzt haltbar.

Du brauchst dafür:

- ✦ grobes Meersalz
- ✦ getrocknete Kräuter – und gerne auch Blüten
- ✦ gut verschließbares Gefäß für die Aufbewahrung
- ✦ optional: ätherische Öle

So gehst du vor:

1. Stelle die Kräutermischung zum gewünschten Thema zusammen – ich empfehle maximal fünf verschiedene Kräuter.
2. Mische die Kräuter im Verhältnis 1:1 mit grobem Meersalz in einer großen Schüssel.

3. Gib optional ein paar Tropfen zum Thema passender ätherischer Öle hinzu.
4. Wenn du alles gut durchgemischt hast, füllst du das fertige Badesalz in ein verschließbares Gefäß – ich nutze gerne leere Marmeladengläser.

Für ein Vollbad gibst du von der Mischung entweder direkt 3 bis 4 Esslöffel in das Badewasser oder kochst diese Menge Badesalz mit ½ Liter Wasser in einem Topf kurz auf, lässt das Ganze für etwa 10 Minuten ziehen und fügst die abgeseihte Flüssigkeit dem Badewasser zu.

Das Badesalz kann genutzt werden:

✦ zur energetischen Reinigung deines Körpers
✦ zur Vorbereitung auf ein Ritual – zum Beispiel mit Rose, Rosmarin und Waldmeister für das Thema Liebe
✦ zur Verbindung mit den Pflanzenenergien
✦ zur Erdung – Salz wirkt nämlich stark erdend
✦ zur Entspannung und energetischen Heilung – hier sind Kamille und Lavendel hervorragend geeignet

Räucherwerk

Persönlich ist mir das Räuchern mit Kräutern die liebste Form der magisch-energetischen Arbeit. Um deine eigene Räuchermischung herzustellen, brauchst du nur getrocknete Kräuter. Grundsätzlich kannst du alles verräuchern, was du auch als Tee nutzen kannst. Wenn du wissen möchtest, wie du die Kräuter hierzu richtig trocknest, schau gerne auf Seite 21 nach.

Du brauchst dafür:

✦ getrocknete Kräuter – ich nehme gerne eine ungerade Anzahl und maximal sieben verschiedene
✦ gut verschließbares Glas zur Aufbewahrung

So gehst du vor:

1. Gib von jedem Kraut 1 Teelöffel voll in eine kleine Schüssel – verwendest du Harze, dann nimm nur die Hälfte davon.
2. Mische die Zutaten gut durch und achte darauf, dass die Pflanzenteile nicht zu groß sind. Bei Bedarf kannst du sie in einem Mörser etwas zerkleinern.
3. Fülle sie in ein gut verschließbares Glas und bewahre dieses an einem Ort auf, der vor Sonneneinstrahlung geschützt ist. So verlieren die Pflanzen weder an Farbe noch an Aroma.

Räucherwerk kann genutzt werden:

- zur energetischen Reinigung von Menschen und Orten
- zur Verstärkung bzw. Veränderung bestimmter Energien
- zur Beeinflussung deiner Stimmung
- als Opfergabe an die geistige Welt
- als Einstimmung auf Meditationen

Denke daran: Alles, was du aus Pflanzen herstellst, ist auch Träger deiner eigenen Energien!

Kapitel 2

FRÜHLING

Im Frühling geht es um:

Reinigung – Alles Verbrauchte darf weichen. Führe kleine Reinigungsrituale durch, um die Altlasten des Winters zu vertreiben.

Neuanfang – Zeit für einen Neustart. Reflektiere deine Gedanken und Gewohnheiten und löse dich von dem, was dir nicht mehr guttut.

Fruchtbarkeit – Schaffe einen fruchtbaren Nährboden für deine Vorhaben, indem du eine gute Grundlage für deine Projekte planst.

Aussaat – Nicht nur im Garten, auch gedankliche Samen dürfen nun gesät werden.

Erneuerung – Bringe frischen Wind in dein Leben. Nutze hierfür die erneuernden Kräfte des Frühlings.

Wachstum – Deine Reflektion in der stillen Zeit des Winters hilft dir zu persönlichem Wachstum. Blickst du zurück, wirst du erkennen, dass du dich weiterentwickelt hast.

Erwachen – Natur und Mensch erwachen zu neuem Leben.

Was die Alten wussten

Mit Beginn des Frühlings gewinnen – wenn auch anfangs nur zaghaft – Wärme und Licht den Kampf gegen Kälte und Dunkelheit. Für uns ist es heute in der Zeit von Zentralheizung und elektrischer Beleuchtung kaum noch vorstellbar, wie groß die Freude unserer Vorfahren über den beginnenden Frühling gewesen sein muss. Um den Frühling im Kampf gegen den Winter zu unterstützen, verbrannten die Menschen den Winter – symbolisch als Strohpuppe dargestellt. Ein Brauch, welcher sich in den südlichen Regionen Deutschlands teilweise bis heute erhalten hat. Um das Erwachen der Natur zu unterstützten, zogen die Menschen lärmend hinaus in die Felder und rüttelten die Bäume wach.

Den ersten Boten des Frühlings schrieb man Glück bringende Eigenschaften zu, zum Beispiel dem Storch, dem Maikäfer oder auch Schmetterlingen. Konnte man mit dem Fuß auf sieben Gänseblümchen gleichzeitig treten, so war der Frühling ganz gewiss da.

Heilkräftige Frühlingskräuter

Den ersten Frühlingskräutern sagte man besondere Heilkräfte zu. Daher rührt der alte Brauch, die ersten drei Gänseblümchen, Veilchen oder Löwenzahnblüten mit den Zähnen zu pflücken und am besten unzerkaut herunterzuschlucken. Dieses kleine Ritual sollte dazu dienen, somit das ganze Jahr über vor allerlei Krankheiten geschützt zu sein. Die Menschen glaubten, dass das kräftige, frische Grün ihnen besondere Kraft verleiht und die alten „Gifte" des Winters aus dem Körper heraustreibt.

Neunkräuter-Suppe

So wurde die traditionell an Gründonnerstag zubereitete gleichnamige Suppe auch genannt. Sie besteht neben den klassischen Suppenzutaten wie Butter, Zwiebeln, Kartoffeln, etwas Mehl, Brühe, Sahne, Salz, Pfeffer und Muskat aus einer Handvoll frischen Frühlingskräutern aus Garten und Natur. Beliebt waren Bärlauch, Brennnessel, Sauerampfer, Löwenzahn, Beifuß, Vogelmiere, Labkraut, Gundermann, Schafgarbenblätter, aber auch Petersilie oder Kerbel. Am Ende kommt noch ein Schuss Sahne dazu – lecker und gesund!

So geht's: Zwiebel und Kartoffeln schälen und würfeln. Butter in einem Suppentopf erhitzen, Zwiebeln darin andünsten und mit etwas Mehl anschwitzen. Kartoffeln hinzufügen, leicht salzen und mit der Gemüsebrühe aufgießen. Köcheln lassen, bis die Kartoffeln weich sind. Frühlingskräuter grob hacken und zur Suppe geben. Einige Minuten ziehen lassen, aber nicht kochen. Suppe pürieren und mit Salz, Pfeffer und Muskat abschmecken. Sahne verquirlen, in die Suppe einrühren und kurz erhitzen. Wenn du möchtest, kannst du die Suppe direkt vor dem Servieren noch mit frischen Wildblüten dekorieren.

Die ersten Blüten

Mancherorts freute man sich so sehr über die ersten Frühlingsblumen, dass zum Beispiel das Veilchen auf einen Stock gesteckt wurde, um welchen die Menschen vor Freude herumtanzten. Überhaupt wurde im Frühling viel gefeiert, um die lichtvolle Jahreszeit zu begrüßen.

Frühlingsbräuche

Der wohl bekannteste, bis heute weitverbreitete Frühlingsbrauch ist das Aufstellen des Maibaumes. Der Maibaum ist das Fruchtbarkeitssymbol schlechthin – symbolisiert er doch den Phallus, welcher sich mit der weiblichen Kraft in Form des Kranzes vereint. Die Menschen feiern ausgelassen und tanzen um den mit bunten Bändern geschmückten Maibaum – in alten Zeiten der Stamm einer Birke oder Tanne. Die Birke ist ein Symbol des Frühlings. Ihre weiße Rinde spiegelt die Reinheit dieser Jahreszeit, der in ihrem Inneren aufsteigende, heilsame „Saft“ die unbändige Kraft wider. Noch heute stellen in Süddeutschland junge Männer ihrer Angebeteten in der Nacht auf den 1. Mai eine kleine mit Bändern geschmückte Birke als Zeichen des Begehrens vor die Tür.

Reinigungs-Rituale

Neben der Körperpflege macht es Sinn, sich hin und wieder auch auf energetischer Ebene zu reinigen, um sich von Altlasten und schlechten Energien zu befreien. Hierfür gibt es verschiedene Möglichkeiten, wie das Baden mit einer Kräuter-Meersalz-Mischung, das Abräuchern der Aura mit reinigenden Kräutern, schnelles und rhythmisches Tanzen oder auch der Einsatz von Glöckchen oder Rasseln.

Besonders das schnelle Tanzen kannst du jederzeit und ohne Hilfsmittel durchführen. Suche dir deine passende rhythmische Lieblingsmusik aus und sorge dafür, dass du wenigsten für eine Viertelstunde ungestört bist. Beginne langsam, dich zur Musik zu bewegen. Steigere den Rhythmus und deine Bewegungen so, dass der ganze Körper in den Tanz miteinbezogen ist. Wenn du das Gefühl hast, alles Negative weggeschüttelt zu haben, kannst du langsamer werden und das Tanzen mit ein paar bewussten Atemzügen beenden.

Wenn du eine kleine Rassel oder Glöckchen besitzt, kannst du deinen Körper durch ihren Klang reinigen. Beginne über dem Kopf und arbeite dich bis zu den Füßen hinunter durch. Klang erzeugt gute Energien, welche schlechte Schwingungen vertreiben.

PFLANZEN-ESSENZ „REINIGUNG“

Diese reinigende Pflanzen-Essenz kann wunderbar als Alternative zum Räuchern genutzt werden. Versprühe die Essenz in deine Aura, wenn du das Gefühl hast, energetisch belastet zu sein – wenn du zum Beispiel mit anstrengenden Menschen zu tun hattest, dann ist es ratsam, dich von deren Energien zu befreien. Das Gleiche gilt auch für dein Zuhause, wenn du unangenehmen Besuch hattest oder bei euch „dicke“ Luft herrscht. Hierfür kannst du die Essenz auch in deinem Zuhause versprühen.

Du brauchst dafür:

- reinigende Kräuter wie Salbei, Wacholder, Rosmarin, Thymian, Lavendel, Dost, Minze
- Ansatzglas
- Glasflasche mit Sprühaufsatz
- Quellwasser
- Wodka oder Korn
- optional: ätherisches Öl wie Salbei, Rosmarin, Orange, Wacholder

So gehst du vor:

Gib die etwas zerkleinerten Kräuter in das Glas und fülle es mit Wodka auf, bis alles mit dem Alkohol bedeckt ist. Verschließe das Glas und stelle es an einen hellen Ort. Hin und wieder durchschwenken. Nach 4 Wochen – also nach einer Mondphase – gießt du den Ansatz durch ein Sieb und mischst die Flüssigkeit im Verhältnis 1 : 1 mit Quellwasser. Fülle die Mischung in die Sprühflasche und füge, wenn du magst, noch ein paar Tropfen ätherisches Öl hinzu.

TEEMISCHUNG ZUR ENTGIFTUNG

Wenn die Natur aus ihrem Winterschlaf erwacht, braucht auch unser Körper manchmal einen sanften Anstoß, um wieder in Schwung zu kommen. Die Schwere und Trägheit des Winters machen sich zu Beginn der helleren Jahreszeit oft besonders ausgeprägt in Form von Müdigkeit bemerkbar. Auch wenn unsere Ernährung das ganze Jahr über eine gute Versorgung mit Vitaminen und Vitalstoffen gewährleistet, so will unser Körper manchmal einfach nicht in die Gänge kommen. Dieser Kraftlosigkeit können wir mit entwässernden und die Blutbildung unterstützenden Tees hervorragend entgegenwirken und unserem Körper einen „Frühjahrsputz" gönnen. Wunderbar dafür geeignet sind die ersten Kräuter, die sich im Frühjahr zeigen. Hier ein Rezept für einen entgiftenden Tee aus getrockneten Kräutern.

Du brauchst dafür:

- 2 EL Gänseblümchenblüten
- 2 EL Löwenzahnblätter
- 2 EL Brennnesselblätter
- 2 EL Gundermannkraut (mit Blüten)
- 2 EL Birkenblätter

So gehst du vor:

Mische die Kräuter zu gleichen Teilen in einer Schüssel. Von der Mischung übergießt du 1 bis 2 Teelöffel mit einer Tasse kochendem Wasser und lässt das ganze 5 bis 8 Minuten ziehen. Seihe ab und genieße den Tee. Du solltest für eine kurmäßige Anwendung über 2 Wochen etwa 3 Tassen täglich davon trinken. Nach einer zweiwöchigen Pause kannst du die Kur nochmals wiederholen.

SCHICHT-SALZ MIT FRÜHLINGSBLÜTEN

Salz ist weit mehr als ein Gewürz – es kann Geschmacksnuancen hervorheben und sogar die Schönheit des Frühlings in einem Glas bewahren. Mit den ersten Blüten des Jahres lässt sich ein zauberhaftes Schicht-Salz kreieren, das nicht nur herrlich aussieht, sondern auch eine wunderschöne Geschenkidee ist.

Du brauchst dafür:

- je eine Handvoll Blüten in verschiedenen Farben, z. B. von Löwenzahn, Veilchen, Roter Taubnessel, Gundermann, Kriechendem Günsel, Gänseblümchen, Wiesenschaumkraut, Lungenkraut
- grobes Meersalz

So gehst du vor:

Gib jeweils eine Handvoll einer Blütensorte in einen Mörser und füge je 2 Esslöffel Meersalz hinzu. Zerkleinere die Zutaten miteinander, bis sich die Pflanzenteile gut mit dem Salz vermischt haben. Streiche die feuchte Salzmasse zum Trocknen auf ein Küchentuch.

Das Salz braucht etwa 1 Woche, bis es komplett durchgetrocknet ist.

Danach schichtest du die verschiedenen Salzsorten in ein passendes Glas. Das Glas sollte so groß sein, dass du die einzelnen Schichten darin gut unterscheiden kannst.

Das Schicht-Salz mit Frühlingsblüten kann zum Würzen von Salaten, Quark, Dips, Butter, Pellkartoffeln, gegrilltem Gemüse oder auch von Fleischgerichten genutzt werden.

KÖRPERÖL „ERWECKTE LEBENSGEISTER"

Neben der Teekur mit entgiftenden Pflanzen kannst du deinen Körper wunderbar mit erfrischenden und belebenden Kräutern verwöhnen. Morgens aufgetragen kann dich diese Körpereinreibung vitalisieren und startklar für deinen Alltag machen. Das Körperöl ist nicht nur sehr wohltuend, es verbindet dich auch auf wunderbare Weise mit den Pflanzengeistern.

Du brauchst dafür:

- 1 EL frische Rosmarinblätter
- 1 EL frische Gänseblümchenblüten
- 2 EL frische Pfefferminzblätter
- 150 ml Mandel- oder Jojobaöl
- optional: 5 bis 8 Tropfen ätherisches Pfefferminz- oder Rosmarinöl

So stellst du dein Körperöl her:

Gib die frischen Pflanzenteile in einen Mörser und zerreibe diese grob. Fülle die Pflanzenteile in ein helles Glas und gieße mit dem Öl auf. Stelle das verschlossene Glas an einen warmen, jedoch nicht zu hellen Ort und schwenke den Ansatz täglich etwas durch. Nach 4 Wochen gießt du den Ansatz durch ein Sieb und bewahrst das fertige Körperöl in einer Glasflasche kühl und dunkel auf. Optional kannst du für etwas mehr Frische noch ein paar Tropfen ätherisches Rosmarin- oder Pfefferminzöl zufügen. Das Öl hält sich kühl gelagert etwa ein Jahr. Am besten zieht das Öl ein, wenn du es direkt nach dem Duschen auf die noch etwas feuchte Haut aufträgst.

FRÜHLINGSHAFTES RÄUCHERREZEPT „FRÜHLINGSREIGEN"

Das Räuchern mit heimischen Pflanzen verbindet dich wunderbar mit den Energien deiner Umgebung. Fange die frischen, lichtvollen Kräfte der Pflanzenwelt ein und hole dir den Frühling auf dein Räucherstövchen. Mögen die ersten Frühlingspflänzchen noch zart und zerbrechlich erscheinen, so haben sie es tatsächlich in sich! Unterstreiche die Zeitqualität der Reinigung und des Neubeginns mit dieser passenden Räuchermischung.

Du brauchst dafür zu gleichen Teilen:

- Gänseblümchenblüten
- Gundermannkraut (mit Blüten)
- Birkenblätter
- Brennnesselblätter
- Veilchenblüten
- Taubnesselblüten (weiß oder rot)
- Pfefferminzblätter

So gehst du vor:

Mische die getrockneten Kräuter zu gleichen Teilen in einem Gefäß und verräuchere sie, um dich mit der Zeitqualität des Frühlings sowie seiner Pflanzenwelt zu verbinden, oder wenn du ein neues Projekt energetisch unterstützen möchtest. Probiere diese Räuchermischung aus und lasse dich von den zarten, belebenden Energien des Frühlings tragen.

Weitere Pflanzen, die ihre besondere Kraft im Frühling entwickeln:

Bibernelle: Blätter • Ehrenpreis: blühendes Kraut • Hasel: Blütenkätzchen • Labkraut: Blätter • Löwenzahn: Blätter und Blüten • Sauerampfer: Blätter • Schlehen: Blüten • Spitzwegerich: Blätter • Vogelmiere: blühendes Kraut

Auch diese Pflanzen können – einzeln oder gemischt – verräuchert werden.

Jahreskreisfest Ostara – Wenn die Erde erwacht

Die junge Frühlingsgöttin Ostara, auch Eostre genann, breitet nun ihr Blumenkleid über die Erde aus. Überall beginnt es zu grünen und zu blühen – in leuchtenden Farben, die lange Zeit verborgen waren. Zu ihrer Ehre feiern wir zur Frühjahrs-Tagundnachtgleiche am 20./21. März den Sieg der Sonne über die Dunkelheit. Von diesem Zeitpunkt an sind die Tage wieder länger als die Nächte, das Licht kehrt spürbar zurück.

Ostara steht für Neubeginn, Gleichgewicht und die Kraft des Erwachens. Die Natur richtet sich auf, das Leben beginnt wieder zu pulsieren. Auch für uns ist dies eine Zeit, in der wir bewusst neue Impulse setzen können – sei es im Inneren oder in materieller Form.

Traditionell ist Ostara die Zeit der Aussaat. Schon die alten Bauern wussten: „Im Märzen der Bauer ...", und genau in diesem Sinn wurden zur Frühlingszeit die Felder vorbereitet, Tiere auf die Weide geführt und die ersten Pflanzen gesät. Mancherorts wurden zur Aussaat Weidenzweige an die vier Ecken der Felder gesteckt – als Zeichen für Schutz, Fruchtbarkeit und gutes Gedeihen. Wer keinen Acker hat, kann dieses schöne Zeichen auch im Kleinen umsetzen, etwa im Garten oder auf dem Balkon.

Das Osterwasser, vor Sonnenaufgang geschöpft und schweigend nach Hause getragen, galt als besonders heil- und zauberkräftig. Es wurde für Waschungen, zum Trinken oder zur Segnung von Haus, Mensch und Tier verwendet. Auch beim Ansetzen von Heilmitteln spielte es eine Rolle. In der Magie wurde es vor allem für Rituale für Heilung und Neubeginn genutzt. Länger haltbar wird das Wasser, indem du es 1 : 1 mit hochprozentigem Alkohol mischst.

Ein weiterer Brauch ist das Verbrennen des Winters. Dabei wird eine Strohpuppe – als Sinnbild der dunklen, kargen Zeit – verbrannt. So wird symbolisch das Alte verabschiedet und Platz für das Neue geschaffen. Dieses kleine Feuer muss nicht groß sein – ein kleiner Feuertopf oder ein Räucherschälchen mit getrocknetem Beifuß oder Fichtenharz kann schon reichen, um einen Übergang spürbar zu machen.

Fruchtbarkeit und Lebensfreude stehen zu Ostara ebenfalls im Mittelpunkt. Rote Eier oder kleine Kranzbrote

wurden verschenkt – als Zeichen für Kraft, Lebendigkeit und die Rückkehr des Lebens. Auch wenn das Eierfärben heute meist als Osterbrauch bekannt ist, liegen seine Wurzeln in viel älteren Fruchtbarkeitsritualen, die fest mit der Frühlingsgöttin verbunden sind.

Spirituelle Bedeutung – Die eigene Saat ausbringen

Auf einer tieferen Ebene lädt uns Ostara dazu ein, auch innerlich unsere Saat auszubringen. Welche Wünsche und Ideen dürfen in diesem Jahr wachsen? Welche Schritte sind nötig, damit sich unsere Vorhaben entfalten können?

Es reicht oft nicht, eine Idee zu haben. Jetzt ist die Zeit, sie wirklich in die Erde zu bringen und wachsen zu lassen. Das kann bedeuten, erste konkrete Schritte zu planen, ein neues Projekt zu beginnen oder einfach eine Entscheidung zu treffen, die längst fällig ist. So wie die Natur dem richtigen Moment vertraut, so dürfen auch wir unseren Impulsen Vertrauen schenken.

KLEINE IMPULSE ZUM FEST

- Säe symbolisch deine Wünsche aus: Ob in Form eines echten Pflanzrituals oder durch das Schreiben deiner Ziele auf kleine Zettel, die du unter die Erde legst – bring deine innere Saat bewusst aus (die Anleitung für das Ritual findest du auf Seite 50).
- Gestalte einen kleinen Altar als einen Platz des Neubeginns. Vielleicht mit ein paar Frühblühern, einem grünen Tuch und einem Ei als Lebenssymbol.
- Reinige dein Zuhause oder einen bestimmten Bereich bewusst – mit Wasser, frischer Luft oder Räucherwerk.

Brauchtum und Bedeutung von Eiern

Das Bemalen und Verschenken von Eiern gehört für viele ganz selbstverständlich zum Osterfest. Doch was heute oft als bunter Familienspaß erlebt wird, hat tiefe Wurzeln, die weit über das christliche Osterfest hinausreichen.

DAS EI ALS SYMBOL

Bereits in vorchristlicher Zeit galt das Ei als Symbol des Lebens. Es stand für das, was verborgen ist und doch alles in sich trägt – ein geschlossener, schützender Raum, aus dem neues Leben hervorgeht. In vielen Kulturen war es Brauch, zur Frühlingszeit Eier zu verschenken, zu färben oder rituell zu vergraben – mit dem Wunsch nach einer fruchtbaren Ernte, gesunden Tieren oder Kindersegen.
Das Ei ist aber auch Symbol für Weiblichkeit. So wie im Schoß der Erde ein Samenkorn zur Pflanze wird, so entsteht auch im weiblichen Körper neues Leben. Das Ei spiegelt genau diese Qualität wider: Empfangen, Halten, Hüten, Nähren. In vielen Kulturen wurde das Ei mit dem Urweiblichen verbunden: mit der Großen Göttin, mit der Mutter Erde, mit dem Mond, welcher ebenfalls mit weiblichen Qualitäten in Verbindung gebracht wird.
Besonders rote Eier waren weitverbreitet. Die Farbe Rot steht für Weiblichkeit und Fruchtbarkeit, aber auch für Blut, Lebenskraft und die wärmende Kraft der Sonne – alles Elemente, die im Frühling wieder neu ins Leben treten. Auch heute noch werden in manchen Gegenden gezielt rote Eier verschenkt, etwa zum Schutz oder als Glücksbringer. Orthodoxe Christen kennen traditionell auch nur rot gefärbte Eier zum Osterfest. Im Christentum wurde dieser Brauch übernommen und neu gedeutet: Das Ei wurde zum Sinnbild für das Grab Jesu, welches sich öffnete und als Symbol für das Überwinden des Todes gilt.

Auf der spirituellen Ebene erinnert uns das Ei daran, dass alles Große im Kleinen beginnt. Es steht für:

- Neubeginn und Hoffnung: Im Verborgenen entsteht neues Leben.
- Wandlung: Im Inneren geschieht Entwicklung, bevor etwas sichtbar wird.
- Schutz und Ganzheit: Das Ei ist rund, geschlossen und birgt in sich das volle Potenzial.

- Lebenskraft: Das Ei enthält alle Nährstoffe, die ein neues Wesen zum Wachsen braucht, wie auch wir innere Nahrung brauchen, um zu wachsen.

DAS OSTERFEST

Im Volksbrauchtum zu Ostern gibt es zahlreiche Varianten: Eier wurden aufgehängt, versteckt, geschenkt oder in Nester gelegt – häufig verbunden mit kleinen Wünschen oder kleinen Geschenken. Mancherorts glaubte man sogar, dass ein mit guten Gedanken gefärbtes Ei heilende oder schützende Wirkung entfalten könne. Auch wenn sich die Formen verändert haben, ist der Kern des Brauchs lebendig geblieben: das Ei zur Frühlingszeit zu schenken – als Zeichen des Neubeginns, des Lebens und der Freude. Wer heute mit Kindern Eier färbt, lebt also – oft ganz unbewusst – eine uralte Tradition fort, in der das Wunder des Lebens gefeiert wird.

Frühlingskräuter

Ich lade dich ein, einige Frühlingspflanzen und ihre heilsame Kraft für Körper, Seele und Rituale in der Kräutermagie kennenzulernen. Entdecke, wie sie dich stärken, begleiten und verzaubern können – im Alltag, bei Beschwerden sowie auf seelischer Ebene.

Gänseblümchen

Das Gänseblümchen schenkt der Seele Leichtigkeit, stärkt Intuition, Mut und Selbstvertrauen. In der Kräutermagie werden die Blüten für Glück, Freundschaft, Neuanfang und Divination (Wahrsagekunst) genutzt – als Räucherung, Öl, Tinktur oder in einem Säckchen als Talisman. Medizinisch hilft es als Tee, Tinktur oder Salbe bei Erkältung, Hautproblemen, Gicht, Rheuma, zur Darmreinigung und bei Muskelschmerzen. Es wirkt blutreinigend, entzündungshemmend und beruhigend – innerlich wie äußerlich.

Veilchen

Das Veilchen stärkt die Seele, schenkt Mut und Selbstliebe und hilft, die eigenen Bedürfnisse ernst zu nehmen. Magisch wirken die Blätter und Blüten schützend, sie stärken die Durchsetzungskraft und bringen bei Divination klare Ergebnisse – zum Beispiel als Räucherung, in Badezusätzen oder in Kerzen eingearbeitet. In der Kräutermedizin wird Veilchen als Tee, Tinktur oder Sirup bei Husten, Reizbarkeit, Bluthochdruck, Hautproblemen, Gicht und zur Beruhigung der Nerven genutzt. Äußerlich als Auflage oder Waschung anwendbar.

Brennnessel

Die Brennnessel schützt die Seele vor negativen Energien und hilft dabei, sich abzugrenzen. So kann sie auch in der Magie in Form von Kräutersäckchen oder Räucherwerk genutzt werden. Als Tee oder Tinktur aus den Blättern wirkt sie harntreibend, entzündungshemmend und als Badezusatz durchblutungsfördernd. Nützlich ist sie bei Harnwegsinfekten, Hautproblemen, Gelenkschmerzen, Prostata-Beschwerden und in den Wechseljahren. Der Haarwuchs wird durch die Wurzel-Tinktur angeregt.

Weitere Frühlingspflanzen und ihre Wirkungen

Pflanze	Wirkung	Thema
Birke *Betula*-Arten	kühlend, entzündungshemmend, harntreibend	Fruchtbarkeit, Neuanfang, Heilung, Mut
Ehrenpreis *Veronica*-Arten	blutreinigend, harntreibend, verdauungsfördernd	Schutz, Orakel, Unbeschwertheit
Löwenzahn *Taraxacum officinale*	stoffwechselanregend, schleimlösend, bei Hautkrankheiten	Blockaden, Heilung, Schutz
Vogelmiere *Stellaria media*	entzündungshemmend, auswurffördernd, kühlend	Schutz, Heilung, Selbstvertrauen
Weiße Taubnessel *Lamium album*	krampflösend, wundheilend	Liebe, Heilung, Übergänge

RITUAL „SAMEN AUSBRINGEN"

Hier stelle ich dir ein einfaches Ritual vor, mit dem du deine Ideen und Herzenswünsche symbolisch aussäen kannst:
Fülle einen kleinen Blumentopf etwa zu einem Drittel mit Erde. Schreibe nun deine Wünsche oder Ziele auf kleine Zettel, falte sie zusammen und lege sie vorsichtig auf die Erde.
Bedecke die Zettel anschließend mit weiterer Blumenerde, bis der Topf fast ganz gefüllt ist – lasse dabei etwa 1 bis 2 cm Platz bis zum Rand.
Nimm Samenkörner deiner Wahl in die Hand und spreche laut oder in Gedanken deine Ziele und Wünsche, die du aufgeschrieben hast, darüber. Das verstärkt die Energien. Jetzt kannst du die Samenkörner in die Erde stecken. Gib nochmals eine dünne Schicht Erde darauf – es sei denn, du hast dich für sogenannte Lichtkeimer entschieden (z. B. Basilikum, Kamille, Mohn). Diese dürfen nicht mit Erde bedeckt werden, sondern werden nur leicht auf die Oberfläche gedrückt.
Stell den Topf an einen hellen, warmen Ort in deinem Zuhause und gieße ihn regelmäßig.
So wie die Samen beginnen zu keimen und zu wachsen, werden auch deine Wünsche – genährt von Aufmerksamkeit und Geduld – langsam Form annehmen. Dieses kleine Ritual erinnert dich daran, dass alles seine Zeit braucht, aber mit Fürsorge und Vertrauen wachsen darf.
Vertiefen kannst du dein Ritual noch mit folgendem Segen:

Möge das, was ich heute säe,
in guter Erde wurzeln.
Möge das Licht es wärmen,
die Zeit es reifen lassen,
und meine Hand es hüten,
bis es blüht.

SAMEN-HERZEN

Eine wunderschöne Art, Danke zu sagen oder seine Zuneigung auszudrücken, ist das Verschenken von selbst gemachten Samen-Herzen aus Pappmaché.

Du brauchst dafür:

- Eierkarton oder Zeitungspapier
- Blumensamen (z. B. Bienenweide)
- große Schüssel
- warmes Wasser
- Löffel
- Küchenmaschine zum Zerkleinern
- Herz-Ausstechform
- 2 Baumwolltücher
- Handtuch

So gehst du vor:

- Zerkleinere das Papier.
- Gib es in eine Schüssel mit warmem Wasser und lasse es für mindestens 4 bis 5 Stunden einweichen.
- Gib die Papiermasse zusammen mit etwas Wasser in einen Mixer oder zerkleinere sie mit dem Pürierstab.
- Streue in die fertige Masse die Blumensamen und rühre vorsichtig mit einem Löffel um, sodass sich die Samen gut darin verteilen.
- Lege die Ausstechform auf eines der Baumwolltücher und fülle die Masse mit dem Löffel vorsichtig in die Form. Drücke die Masse leicht an, damit das Herz seine Form behält.
- Löse die Masse vorsichtig aus der Form und lasse sie anschließend auf dem zweiten Baumwolltuch, unter welchem das Handtuch liegt, trocknen.
- Lasse das fertige Pappmaché-Herz anschließend gut durchtrocknen.

Zur Aussaat wird das Herz auf feuchte Erde gelegt, leicht angedrückt und mit einer dünnen Schicht Erde bedeckt. Feucht gehalten, beginnt das Herz nach wenigen Tagen zu sprießen …

Beltane – Fest der Liebe, des Lebens und der wilden Freude

Beltane – allein das Wort trägt schon diesen besonderen Zauber in sich. Es ist eines der kraftvollsten Jahreskreisfeste, ein ausgelassenes, sinnliches Fruchtbarkeitsfest, das traditionell um den 1. Mai herum gefeiert wird – oder genauer gesagt: zum fünften Vollmond nach der Wintersonnenwende. Seinen Namen verdankt Beltane dem keltischen Sonnengott Bel, und seine Energie bringt genau das: Wärme, Licht und Lust am Leben.

Der Übergang zum Sommer

An Beltane beginnt nach dem keltischem Kalender der Sommer. Die Kelten kannten nur zwei große Jahreszeiten – die helle, fruchtbare Zeit von Beltane bis Samhain und die dunkle, introvertierte von Samhain bis Beltane. Kein Wunder also, dass zu diesem Übergang gefeiert, getanzt, geliebt und orakelt wurde, denn das Leben selbst wurde geehrt.

Im Mittelpunkt steht die heilige Vermählung von Göttin und Gott: Die junge Frühlingsgöttin, auch als Maikönigin bekannt, vereint sich mit dem strahlenden Sonnengott – eine Verbindung, die das Wachstum der Natur und das Erwachen der Lebenslust symbolisiert. Und wir Menschen spüren diese Energie ganz unmittelbar. Es liegt ein Kribbeln in der Luft, eine Lust, das Leben draußen zu feiern, barfuß über taufrische Wiesen zu laufen und sich wieder mehr mit Körper, Herz und Seele zu verbinden.

Beltane ist auch eine Schwellenzeit – ähnlich wie Samhain. Der Schleier zur Anderswelt wird durchlässiger. Wer in dieser Zeit Orakel befragt, Karten legt oder sich der spirituellen Welt öffnen möchte, wird feststellen, dass die Antworten leichter zu uns finden. Es ist eine wunderbare Zeit, um sich mit den Wesen der Natur, den Ahnen oder der eigenen inneren Stimme zu verbinden.

Altes Brauchtum

Die alten Bräuche rund um Beltane sind voller Symbolik – sinnlich, wild und lebensnah.

✦ **Der Maibaum**, mit seinem hoch aufragenden Stamm und dem Kranz an der Spitze, ist ein kraftvolles Fruchtbarkeitssymbol. Um ihn herum wird getanzt, gelacht und gesungen – ganz in der Mitte des Dorfes, in der Mitte des Lebens.

✦ **Die sogenannten Maien** – kleine, geschmückte Birkenbäumchen – werden von jungen Männern als Zeichen ihrer Zuneigung vor das Haus ihrer Angebeteten gestellt. Ein alter, romantischer Brauch, der heute wieder zunehmend lebendig wird.

✦ **Das Beltane-Feuer** ist zentral. Es wird nicht nur entzündet, um die Nacht zu erhellen, sondern auch, um Schutz, Reinigung und Lebenskraft zu schenken. Wer mutig genug ist, springt Hand in Hand mit einem lieben Menschen über die Flammen – und nimmt den Segen von Gesundheit, Liebe und Lebenskraft mit ins kommende Jahr.

✦ **Die klassische Maibowle** – angesetzt mit Waldmeister, Weißwein oder Sekt. Frisch, leicht berauschend, voller Frühlingsaromen – die perfekte Begleitung für eine Nacht, die Grenzen auflöst.

Was Beltane so besonders macht, ist diese Mischung aus Lebensfreude, Naturverbundenheit, Sinnlichkeit und Magie. Es ist ein Fest, das uns erinnert: Du darfst leuchten. Du darfst lieben. Du darfst dich lebendig fühlen – mit allem, was dazugehört.

RITUAL-ÖL „FRUCHTBARKEIT" – FÜR LIEBE, WACHSTUM & FÜLLE

Die Zeit um Beltane ist ideal, um ein kraftvolles Ritual-Öl herzustellen. Du kannst es als Begleiter für Themen wie Liebe, Fruchtbarkeit und persönliches Wachstum nutzen. Fruchtbarkeit darf hier gern symbolisch verstanden werden: für alles, was in deinem Leben gedeihen und sich vermehren darf – sei es Kreativität, Fülle, Spiritualität oder Selbstvertrauen.

Du brauchst dazu:

- kleines Schraubglas
- hochwertiges Öl (z. B. Sonnenblumen-, Mandel- oder Jojobaöl)
- frische oder getrocknete Kräuter wie Waldmeister, Rosenblüten, Beifuß, Rosmarin, Weißdorn, Frauenmantel, Rotklee oder Steinklee

So gehst du vor:

Fülle die Kräuter locker ins Glas und übergieße sie mit Öl. Verschließe es gut und stelle es für etwa 4 Wochen an ein sonniges Fenster. Schwenke es täglich sanft – so gibst du auch deine Energie mit hinein. Seihe es nach der Ziehzeit ab und fülle es in ein dunkles Fläschchen. Wenn du magst, kannst du es mit ätherischen Ölen wie Zimt, Ylang Ylang oder Jasmin verfeinern.

Nutze es für Rituale zu Liebe, Verbindung, Fülle oder Wachstum. Reibe Kerzen damit ein oder gib ein paar Tropfen in deine Hände, bevor du meditierst oder dir klarmachst, was du in dein Leben bringen möchtest. Dieses Ritual-Öl ist ein duftender Segen – für alles, was in dir wachsen und erblühen will.

LIEBESZAUBER-SALZ – FÜR SINNLICHE MOMENTE ZU ZWEIT

Liebe geht durch den Magen – und manchmal hilft ein wenig Magie beim Würzen. Dieses selbst gemachte Liebeszauber-Salz ist nicht nur hübsch anzusehen, sondern kann auch helfen, eure Verbindung auf wunderbare Weise zu vertiefen. Perfekt für gemeinsame Abende und romantische Mahlzeiten.

Du brauchst dazu:

- 3 EL grobes Meersalz
- 3 EL Kräuter (frisch oder getrocknet), z. B. Liebstöckel, Rosenblüten, Rosmarin, Salbei, Ringelblume

So gehst du vor:

Gib jeweils einen Esslöffel Meersalz und einen Esslöffel deiner Kräutermischung in einen Mörser. Zerreibe beides sorgfältig, bis sich das Salz leicht verfärbt und sich der Duft der Pflanzen mit dem Salz verbindet. Wiederhole diesen Vorgang mit dem restlichen Salz und den Kräutern, bis alles verarbeitet ist.

Wenn du frische Kräuter verwenden magst, streue das fertige Salz dünn auf ein Küchentuch und lasse es für ein paar Tage vollständig trocknen. Bei getrockneten Kräutern ist dein Liebeszauber-Salz direkt einsatzbereit.

Fülle das fertige Kräutersalz anschließend in ein sauberes Glas und bewahre es licht- und luftgeschützt auf. Würze damit liebevoll zubereitete Speisen – ob Pasta, Ofengemüse oder einfaches Brot mit Öl. Ein Löffel Zuwendung und schon schmeckt die Liebe ein bisschen intensiver.

BELTANE-KRANZ

Einer alten Überlieferung nach erkennt man mit einem Gundermann-Kranz auf dem Kopf, wer mit dunklen Mächten im Bunde steht. Am Abend vor Beltane setzte man sich damit in die Kirche – und sah angeblich die Hexen. Diese Geschichte spiegelt zwar kirchliche Angst vor heilkundigen Frauen, doch ein Funken Wahrheit bleibt: Gundermann öffnet den Zugang zur feinstofflichen Welt. Besonders rund um Beltane, wenn die Schleier zwischen den Welten dünner sind, kann uns dieser zarte Pflanzengeist Botschaften aus der anderen Welt näherbringen. Ein Kränzchen aus Gundermann – vielleicht mit etwas Waldmeister gemischt– passt deshalb wunderbar zu den sinnlichen, lebendigen Energien dieses Festes.

So bindest du deinen Beltane-Kranz:

- Drei Triebe Gundermann (evtl. gemischt mit Waldmeister) zu einem kleinen Sträußchen bündeln und am unteren Ende mit einem Faden umwickeln.
- Ein weiteres Sträußchen vorbereiten und versetzt auf das erste legen, sodass die Triebspitzen das vorige überlappen.
- Mit dem Faden das neue Sträußchen fest an das vorherige binden.
- Nach und nach immer neue Sträußchen anlegen und festbinden, bis die gewünschte Kranzlänge erreicht ist.
- Die Enden des Kranzes zusammenführen und mit dem Faden fixieren, sodass ein geschlossener Ring entsteht.

Trage diesen zauberhaften Kranz zu Beltane auf dem Kopf oder hänge ihn an die Haustüre.

Tau – Die Quintessenz des Himmels

Eine hervorragende und einfache Anwendung in der traditionellen Naturheilkunde ist das Tautreten. Dabei läuft man barfuß in den frühen Morgenstunden, wenn die Sonne den Tau noch nicht getrocknet hat, über eine Wiese. Tautreten tut Körper und Seele gut: Durch den Kältereiz verengen sich die Blutgefäße, und die Durchblutung wird verbessert. Die stark zusammenziehende Wirkung bringt eine Straffung der Haut mit sich. Der Kreislauf wird angekurbelt, man fühlt sich wach und erfrischt. Die Anregung des Lymphflusses hat eine reinigende und entgiftende Wirkung.
Das Tautreten erdet auf sanfte Art, hält deine Aufmerksamkeit im Hier und Jetzt und kann dir somit eine wertvolle Hilfe für einen stressigen Alltag sein.

ALTES WISSEN

Schon unsere Vorfahren nutzen Tau zur Erhaltung der Gesundheit. Morgentau besitzt reinigende und segnende Kräfte, da er nicht von Menschen berührt war. Entzündete Augen heilen schneller und Warzen sollen gar verschwinden, wenn man sie mit Morgentau bestreicht. Auch bei Krankheiten wie Krämpfen, Fieber und Hautausschlägen soll er eine wunderbare Wirkung entfalten. Die Anwendung darf allerdings nur bei zunehmendem Mond erfolgen. Unsere Vorfahren schrieben diesem Lebenswasser über den gesundheitlichen Nutzen hinaus auch magische Kräfte zu. So fördert es nicht nur Fruchtbarkeit – wenn man an einem Mai-Morgen barfuß über eine taufeuchte Wiese läuft oder noch besser tanzt –, seine nach altem Glauben himmlische Herkunft verleiht jungen Frauen, auf das Gesicht aufgetragen, einen wunderschönen Teint.

ENERGIE DES ÜBERGANGS

Tau entsteht im Übergang zwischen Nacht und Tag und trägt daher „Schwellen-Energien" in sich. Er ist daher besonders gut geeignet für Rituale des Neubeginns, zur energetischen Reinigung oder zur Gewinnung von Klarheit und der Neuorientierung. Binde die Kraft des Morgentaus in deine spirituelle Arbeit ein und gib ein paar Tropfen davon in deine Blüten-Essenzen oder in dein Aura-Spray – eine wunderbare Methode, um die Energie dieser magischen Zwischenzeit des Tages in deinen Alltag einfließen zu lassen.

BLÜTEN-ESSENZ MIT LÖWENZAHNBLÜTEN

Manchmal fällt es uns schwer, klar zu denken und zu fühlen. Es gibt Phasen im Leben, in denen wir einfach nicht vorankommen, obwohl wir wissen, was zu tun wäre. Nutze die sanften Kräfte des Löwenzahns, um dich von solchen Blockaden zu befreien und die Energien wieder frei fließen zu lassen. Die Blütenessenz unterstützt dich in deinem Alltag dabei, energetische Blockaden aufzulösen.

Du brauchst dazu:

- frische Löwenzahnblüten
- Glasschale
- Quellwasser oder gutes Leitungswasser

So gehst du vor:

- Gieße 200 ml Wasser in die Glasschale.
- Gib die Blütenköpfchen mit den Stielansätzen nach unten in das Wasser.
- Stelle diesen Ansatz für mindestens 5 Stunden in die Sonne.
- Nimm anschließend die Blüten mit einem Holzlöffel (Metall zerstört die energetischen Strukturen) heraus.
- Mische das Blütenwasser 1 : 1 mit Branntwein oder Wodka und bewahre diese Urtinktur in einer dunklen Flasche auf.

Bei Bedarf gibst du 3 bis 4 Tropfen der Ur-Essenz in ein Gemisch aus 30 ml Quellwasser und 20 ml Branntwein oder Wodka und füllst diese Mischung in eine dunkle Tropfflasche. Dreimal täglich etwa 4 bis 5 Tropfen direkt auf die Zunge geben.

Lasse dich von der befreienden Kraft des Löwenzahns verzaubern und deine Energien und Emotionen frei fließen.

TEEMISCHUNG „FRÜHLINGSKRAFT"

Ende April, Anfang Mai steht die Pflanzenwelt bereits in ihrer vollen Kraft und überall um uns herum ist die blühende, herrlich duftende Fülle nicht zu übersehen. Auf den Punkt gebracht entspricht die Zeitqualität des fortgeschrittenen Frühlings rund um Beltane den Themen Liebe, Fruchtbarkeit, Sinnlichkeit und Wachstum. Ein wohlschmeckender Kräutertee ist eine wundervolle Möglichkeit, dich mit den sinnlichen und Freude bringenden Kräften der Pflanzenwelt zu verbinden. Waldmeisterkraut, Gundermannkraut, Veilchenblüten, Rosenblüten, Gänsefingerkraut, Beifußblätter, Brombeerblätter, Weißdornblätter- und blüten und Frauenmantelblätter tragen diese kraftvollen Qualitäten in sich.

So gehst du vor:

- Wähle intuitiv fünf oder sieben dieser getrockneten Pflanzen aus. Nimm davon je 1 Esslöffel voll und gib sie in eine ausreichend große Schüssel. Vermenge die Kräuter und fülle sie in ein gut verschließbares Gefäß.
- Für 1 Tasse Tee gibst du 1 bis 2 Teelöffel der Mischung in eine große Tasse und übergießt sie mit kochendem Wasser. Lasse den Ansatz für 5 bis 8 Minuten ziehen.
- Gieße die Kräuter ab und genieße den Tee – gerne auch mit etwas Honig gesüßt.

Dieser Kräutertee entführt dich in die sinnliche Welt des Frühlings, bringt dir den Zauber der Pflanzenwelt in deinen Alltag und verbindet dich mit den Kräften der Pflanzengeister.

Magische Frühlingspflanzen

Die Natur trägt ein sattgrünes Kleid und die Erde erfreut uns beim Anblick ihrer blühenden Pracht. Zur Mitte des Frühlings hin, wenn die ersten Pflanzen bereits ihren Höhepunkt hinter sich gelassen haben, betreten drei wundervolle Gewächse die Bühne und beeindrucken uns mit ihrem verzaubernden Auftritt.

Gundermann

Gundermann wirkt schützend, fördert die Fruchtbarkeit, schärft die Wahrnehmung, stärkt die Intuition und fördert die Hellsichtigkeit. Er wird zum Räuchern, als Amulett oder in entsprechenden Ritualen verwendet. Innerlich als Tee oder Tinktur wirken Blätter und auch Blüten entgiftend, schleimlösend, verdauungsfördernd, schmerzlindernd und stärkend bei Beschwerden der Leber, Lymphe, Atemwege und Verdauung. Auch bei Erkältungen, Ohrenschmerzen und Nervenschwäche leistet er wertvolle Dienste.

Waldmeister

Waldmeister wirkt in der Kräutermagie bei den Themen Schutz, Liebe, Fruchtbarkeit und Visionen. Er entfaltet seine Kraft besonders beim Räuchern, als Badezusatz oder in Duftkissen. Er stärkt Herz, Nerven und Leber, wirkt blutreinigend, krampflösend und stimmungsaufhellend. Hilfreich ist er bei Schlafstörungen, Kopfschmerzen, Krämpfen, Verdauungs- und Leberbeschwerden. Frische Blätter lindern Entzündungen der Haut. Als Tee darf er nur gering dosiert werden – ein Teelöffel getrocknetes Kraut auf eine große Tasse Wasser

Weißdorn

In der Kräutermagie hilft Weißdorn bei Schutz, Heilung, Fruchtbarkeit, Neuanfang und Intuition. Blüten, Blätter und Dornen werden als Räucherung, Amulett, Tee oder Ritualbestandteil genutzt. Weißdorn bringt innere Klarheit, erdet, fördert Erkenntnis und verbindet mit der Natur. Er stärkt Herz, Kreislauf und Nerven, senkt den Blutdruck und wirkt angstlösend. Medizinisch hilft er auch bei Gicht, Stuhlträgheit und leichtem Durchfall.

Weitere Frühlingspflanzen und ihre Wirkungen

Pflanze	Wirkung	Thema
Brombeere (Blätter) *Rubus fruticosus*	blutreinigend, verdauungsfördernd, wundheilend	Schutz, Selbstachtung
Frauenmantel *Alchemilla vulgaris*	krampflösend, blutstillend, verdauungsfördernd, allgemein kräftigend	Liebe, Fruchtbarkeit, Fürsorge
Gänsefingerkraut *Potentilla anserina*	krampflösend, zusammenziehend, bei Durchfall und starken Blutungen	Selbstvertrauen, Wohlstand, Leichtigkeit
Hirtentäschel *Capsella bursa-pastoris*	zusammenziehend, blutstillend, bei Magen-Darm-Erkrankungen	Schutz, Mitgefühl, Beziehung stärkend
Spitzwegerich *Plantago lanceolata*	schleimlösend, wundheilend, blutstillend	Heilung, Schutz, Erdung, Intuition

HERZÖFFNENDER BALSAM – FÜR MITGEFÜHL UND SELBSTLIEBE

In einer Welt, die oft kalt und oberflächlich wirkt, verschließen viele aus Angst vor Ablehnung und Verletzlichkeit ihr Herz – nicht nur anderen gegenüber, sondern auch gegenüber sich selbst.

Die Natur schenkt uns einige Pflanzen, die auf sanfte Art und Weise dabei unterstützen, wieder mehr Mitgefühl und Liebe zuzulassen. Eine liebevoll herzöffnende Wirkung haben Rose, Kamille, Johanniskraut, Malve, Linde, Ringelblume, Gänseblümchen, Huflattich (Blüten), Vogelmiere, Waldmeister und Vergissmeinnicht. Suche dir intuitiv die passenden Pflanzen heraus und bereite dir daraus einen Balsam, der dich energetisch dabei unterstützt, dein Herz zu öffnen und wieder Liebe, Mitgefühl und Vertrauen zuzulassen.

Du brauchst dafür:

- 5 bis 7 Pflanzen (getrocknet)
- 1 Schraubglas
- Pflanzenöl
- Bienenwachs
- Salbentiegel

So gehst du vor:

- Zupfe die Pflanzen klein, gib sie ins Glas und übergieße sie mit dem Pflanzenöl.
- 4 Wochen an einem hellen Ort ziehen lassen, aber nicht in der direkten Sonne. Täglich sanft schwenken.
- Danach abseihen. Das Öl vorsichtig erhitzen und 1 g Bienenwachs pro 10 ml Öl unter Rühren schmelzen.
- In Tiegel füllen, abkühlen lassen. Im Kühlschrank aufbewahrt ist er mindestens ein Jahr haltbart.

Tipp: Für Vertrauen

Wenn du spürst, dass dir Vertrauen fehlt oder du dich zurückziehst, reibe den Balsam auf deine Herzgegend.

MAI-WIPFERL-SIRUP

Vielleicht hast du im Zusammenhang mit hartnäckigem Husten vom reizmildernden und immunstärkenden Mai-Wipferl-Sirup gehört. Dieser aus den jungen Fichtentrieben hergestellte Sirup hat einen festen Platz in der traditionellen Volksmedizin. Er wirkt aber nicht nur lindernd auf die Atemwege, sondern bringt heilende, lichte Kräfte in unser Inneres. Die Fichte zählt zu den Pflanzenwesen, die enorm viel Licht und Wärme in sich tragen.

Du brauchst dafür:
- 2 Handvoll frische Fichtenspitzen
- flüssiger Honig
- sauberes Schraubglas

So gehst du vor:
- Zupfe die frischen Fichtentriebe etwas klein und gib sie locker in ein helles Schraubglas.
- Gieße mit einem guten Bienenhonig auf, bis alles bedeckt ist.
- Das verschlossene Glas darf nun für 4 bis 6 Wochen an einem hellen, aber nicht zu warmen Ort ziehen.
- Danach gießt du den Ansatz durch ein Sieb und bewahrst den fertigen Honig kühl und dunkel auf.

Bitte nimm niemals zu viel von einem Baum und frage unbedingt vorher den Waldbesitzer um Erlaubnis! Nicht mit der giftigen Eibe verwechseln!

Tipp: Für Licht und Wärme
Immer dann, wenn dich das Gefühl von Traurigkeit oder Hoffnungslosigkeit übermannt, nimm einen Teelöffel voll von diesem kostbaren Geschenk der Natur und lasse dein Inneres mit Licht und Wärme erfüllen.

Legenden zu Frühlingskräutern

Die Pflanzenwelt ist voller Magie – und niemand wusste das besser als unsere Vorfahren. Um fast jede heimische Pflanze ranken sich Mythen und Legenden. Es wäre zu schade, wenn dieses alte Wissen in der Aufgeklärtheit unserer Zeit verloren ginge, und deshalb möchte ich dir ein paar dieser Legenden erzählen.

Wenn du zu Beginn des Jahres die ersten drei **Gänseblümchen** entdeckst und ohne sie zu berühren mit den Zähnen abpflückst, so bist du das ganze Jahr vor Fieber, Zahnschmerzen und Augenleiden geschützt. Sie unzerkaut hinunterzuschlucken verhindert Magenbeschwerden. Eine Gänseblümchenwurzel als Talisman um den Hals getragen soll dem Träger Glück und Verstand verleihen und ihn unwiderstehlich machen.

Die Volksmagie empfiehlt, neun Wurzeln des **Löwenzahns** bei abnehmendem Mond vor Sonnenaufgang auszugraben und bei entzündeten Augen um den Hals zu hängen. Hängt man die Blätter um den Hals, verschwinden Zahnschmerzen. Warzen verschwinden, wenn man sie drei Tage nach Vollmond mit dem Milchsaft aus dem Stängel bestreicht. Seine Wünsche kann man in die geistige Welt schicken, indem man sich das Erwünschte vorstellt und dann die Samenschirmchen des Löwenzahns wegpustet.

Zum Schutz vor übel gesinnten Wesen hing man in Haus und Stall stets ein Büschel **Brennnesselkraut** auf. Als Donnerkraut schützt es Haus und Hof vor Blitzschlag. Hierfür sollte man auch ein Büschel des Krautes ins Herdfeuer werfen. Harnorganbeschwerden sollen durch auf die Pflanze urinieren einfach verschwinden, weil somit die Krankheit auf diese übertragen wird.

Im alten Volksglauben war die **Birke** ein Baum, auf den man Krankheiten wie Gicht und Fieber übertragen konnte. Auch Warzen wurden mit Birkenreisig vertrieben, indem man damit draufschlug. Gegen Zahnschmerzen musste man einen Holzsplitter aus Birkenholz zum Stochern an dem kranken Zahn nutzen und diesen dann auf einem Kreuzweg vergraben. Wenn einem Mann die Manneskraft verloren gegangen war, band man einen Kranz aus Birkenzweigen. Auf diesen musste er dann harnen, damit die Kraft wieder zurückkam. Auch der Birkensaft sollte dem Mann die Kraft in den Lenden zurückbringen und bei Frauen sollten die Fruchtbarkeit und die Empfängnisbereitschaft durch den frischen Saft gesteigert werden.

In der alten Volksmagie stand die **Weiße Taubnessel** für Treue und Schutz. Die Wurzel davon soll man zum Schutz in einem Säcklein bei sich tragen. Bindet man einem Rind oder auch einem anderen Tier die Weiße Taubnessel um den Hals, so folgt es einem auf Schritt und Tritt überall hin. Geht der Ehepartner auf Reisen, so soll man ihm getrocknete Taubnessel ins Gepäck schmuggeln, damit er treu bleibt und bald wieder nach Hause kommt.

In der Volksmagie galt der **Waldmeister** als mächtige Schutzpflanze und schützte vor allem Frauen während der Geburt. Aber auch sonst bringt er als Amulett getragen Glück, bietet seinem Träger Schutz und gilt als besonders magisches Anziehungsmittel für Wohlstand. Etwas Waldmeisterkraut im Geldbeutel verhindert, dass einem das Geld ausgeht. Zusammen mit Johanniskraut in einem Beutelchen getragen, schützt er vor Verwünschungen.

Ein natürlich gewachsener Rankbogen der **Brombeere** wurde schon von unseren Vorfahren genutzt, um hindurchzukriechen und die Krankheit dort abzustreifen. Man glaubte, dass sich die Krankheitsdämonen in den Dornen verfangen würden und einem somit nicht mehr schaden konnten. Mancherorts war es sogar Brauch, vorbeugend im Frühjahr durch eine solche Brombeerranke zu kriechen, um das ganze Jahr über vor Krankheiten geschützt zu sein.

Kapitel 3

SOMMER

Die Themen für den Sommer sind:

Fülle – Genieße den unfassbaren Reichtum der Natur und die Fülle um dich herum.
Heilung – Die Pflanzen haben im Sommer, vor allem um die Zeit der Sommersonnenwende, besonders viel Heilkraft. Genau jetzt sind die heilsamen Sonnenkräfte so stark wie nie.
Reife – Korn und Früchte reifen unter der Sonne und auch deine gedanklichen Samen, die du im Frühjahr ausgebracht hast, reifen heran und nehmen konkrete Gestalt an.
Sonne – Sie spendet Leben, kann es aber auch vernichten. Eine gesunde Balance ist essenziell.
Lebensfreude – Das Leben ist hell und bunt, jeder Tag ist ein Grund zum Feiern und um die Leichtigkeit zu genießen.
Feuer – An ihm kommen die Menschen zusammen zum Geschichtenerzählen und zum Feiern. Keine Sonnwendfeier ohne Sonnwendfeuer!
Draußensein – Der frühe Sonnenauf- und der späte Sonnenuntergang laden dazu ein, das Leben nach draußen zu verlagern.
Dankbarkeit – Wir sind gesegnet mit der Fülle und dem Überfluss, den uns die Natur schenkt und dürfen hierfür ganz bewusst unsere Dankbarkeit zum Ausdruck bringen.

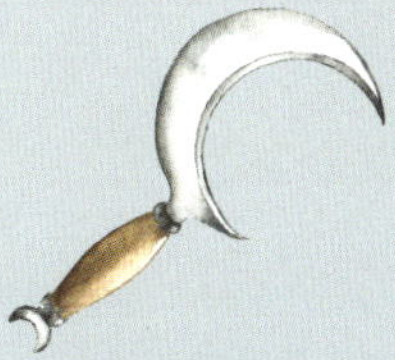

Was die Alten wussten

Der Sommer brachte nicht nur Wärme und Licht, sondern auch eine Zeit, die den Menschen früher besonders heilig war. Die Tage wirkten endlos, die Natur stand in sattem Grün, das Korn reifte heran. Die Sonne stand auf ihrem höchsten Punkt und ihre Strahlen galten als besonders wirksam – nicht nur für das Wachstum der Pflanzen, sondern auch im übertragenen Sinne für Menschen und Tiere. Man schrieb ihnen heilende, reinigende und transformierende Kräfte zu.

Feuer wurde entzündet, um das Licht der Sonne zu symbolisieren und die Dunkelheit abzuwehren. Der Sprung über die Flammen sollte von Krankheit, Unglück und belastenden Gedanken befreien. Glutstücke nahm man mit nach Hause und bewahrte sie am eigenen Herd auf, um die ganze Familie zu schützen.

Kraftvolle Orte

Auch bestimmten Orten wurde besondere Kraft zugeschrieben: Bäume, Quellen oder Steine galten um diese Zeit als „offen". Man glaubte, dass sie zuhören oder sogar antworten könnten, wenn man ihnen einen Wunsch oder eine Frage anvertraute. Vielerorts wurden Segnungen von Feldern, Quellen und Brunnen vorgenommen – häufig mit Kräutersträußen oder dem „Gehen mit

KRÄUTERBROT

Du brauchst dafür:

- 500 g Dinkel- oder Weizenmehl
- 1 Päckchen Trockenhefe oder ½ Würfel Frischhefe
- 300 ml lauwarmes Wasser
- 1 TL Salz
- 2 EL Olivenöl
- 1 bis 2 Handvoll fein gehackte Sommerkräuter (z. B. Rosmarin, Thymian, Dost, Beifuß)
- grobes Salz und Kräuter für die Kruste
- Sonnenblumenkerne oder Ringelblumenblüten zur Dekoration

So gehst du vor:

Hefe im lauwarmen Wasser auflösen. Mit Mehl, Salz, Öl und Kräutern zu einem glatten Teig verkneten. Falls nötig, etwas Mehl zufügen. Zugedeckt an einem warmen Ort ca. 1 Stunde gehen lassen. Den Teig auf einer bemehlten Fläche durchkneten, zu einem Laib formen und die Oberfläche nach Wunsch einschneiden – etwa strahlenförmig als Sonnensymbol. Mit Wasser bepinseln und mit grobem Salz, Kräutern und nach Belieben mit Sonnenblumenkernen oder Blüten bestreuen. Im vorgeheizten Ofen bei 200 °C (Ober-/Unterhitze) ca. 35 bis 40 Minuten backen, bis das Brot goldbraun ist und beim Klopfen auf die Unterseite hohl klingt.

dem Feuer“, bei dem glühende Scheite über Felder getragen oder in einer Prozession durch das Dorf bewegt wurden. Diese alten Handlungen sollten nicht nur vor Hagel, Dürre oder Schädlingen schützen, sondern auch die Kraft der Sonne im Getreide, den Früchten und den Kräutern binden.

Zeit der Dankbarkeit

Der Sommer war nicht nur Erntezeit, sondern auch eine Zeit des Dankes und der Verbindung zur Natur, deren Gaben achtsam gesammelt und geehrt wurden. Ein kleines Zeichen der Dankbarkeit für die Fülle des Sommers kann auch ein selbst gebackenes Kräuterbrot als Symbol der Fülle und Fruchtbarkeit sein.

Litha – Fest des Lichts & der inneren Flamme

Mit Litha, der Sommersonnenwende rund um den 21. Juni, feiern wir den längsten Tag und die kürzeste Nacht des Jahres. Die Sonne hat nun den Höhepunkt ihrer Kraft erreicht – ein Moment voller Strahlkraft und Fülle. Doch auch wenn die heißesten Tage noch bevorstehen, beginnt ab jetzt das Licht ganz allmählich wieder zu weichen. So markiert Litha einen stillen Wendepunkt im Rad des Jahres: Das Licht steht in voller Kraft, doch seine Rückkehr in die Dunkelheit hat bereits begonnen. Litha ist ein Fest der Fruchtbarkeit, Heilung und Sonnenkraft. In alten Traditionen wurde dieser Zeitpunkt mit tiefer Ehrfurcht begangen – als Wendepunkt im natürlichen Zyklus, an dem das äußere Licht seinen Zenit erreicht, während im Inneren bereits das Wissen um die Vergänglichkeit erwacht.

Mythologie

In manchen Überlieferungen begegnet uns zu Litha erneut der keltische Sonnengott Bel oder Belenus, dessen Kraft nun ihren Höhepunkt erreicht hat. Während er zu Beltane die jungfräuliche Göttin in heiligem Bund umwirbt, zeigt sich ihre Verbindung nun in voller Reife: Die Göttin ist schwanger, die Erde fruchtbar und reich beschenkt.

In der germanischen Mythologie begegnet uns zu dieser Zeit die Geschichte von Baldur, dem lichtvollen und sanftmütigen Gott, der von allen Wesen geliebt wird und das Gute verkörpert. Doch Baldur stirbt durch eine List – und mit seinem Tod beginnt das Licht zu schwinden. Die Sonne geht mit ihm in die Anderswelt.

Sonnwendfeuer

Zu den bekanntesten und kraftvollsten Ritualen zu Litha gehören Sonnwendfeuer. Sie symbolisieren die unbändige Energie der Sonne – und auch ihre reinigende Kraft. In das Feuer wird all das geworfen, was nicht mehr gebraucht wird. Der Sprung über das Feuer soll von schweren Energien befreien und Körper wie Geist reinigen. Diese kraftvolle Reinigung soll dazu führen, dass man den Rest des Jahres vor Krankheiten geschützt war.

Eine besondere Magie liegt auch in den Heilkräutern, die rund um die Sommersonnenwende gesammelt werden, denn ihre Heilkraft gilt seit jeher als besonders stark. Pflanzen wie Johanniskraut, Eisenkraut, Beifuß oder Kamille sind nun besonders wirkkräftig, und so ist es die beste Zeit des Jahres, um Heilmittel für die dunkle Jahreszeit herzustellen. Auch als Räucherwerk entfalten sie ihre besondere, lichtvolle Kraft.

KLEINE IMPULSE ZUM FEST

Litha lädt dich ein, innezuhalten und dein eigenes Licht zu erkennen. Wo liegt deine Kraft? Was ist deine Gabe? Was darf sichtbar und zum Leuchten gebracht werden? An welchem Wendepunkt steht dein Leben und wohin führt dein Weg? Es ist eine Zeit, um das zu würdigen, was gewachsen ist – und auch um bewusst loszulassen, was nicht mehr dient.

- Entzünde ein Feuer oder eine Kerze und gib symbolisch das hinein, was du loslassen möchtest.
- Sammle heilkräftige Pflanzen oder räuchere mit wirksamen Kräutern wie Beifuß, Kamille oder Johanniskraut.
- Setze in dieser kraftvollen Phase des Jahres deine Heilmittel für den kommenden Winter an.
- Binde einen Kräuterkranz und hänge ihn an deine Tür – als Schutz und Zeichen des Lichts.
- Mache morgens oder abends einen bewussten Spaziergang in der Sonne und nimm ihre heilenden Kräfte auf.
- Feiere das, was in dir gereift ist – mit Musik, Tanz oder einem kleinen Dankbarkeitsritual.

Ein traditioneller Schutzzauber ist das Binden eines Kranzes – aus Getreidehalmen, Blumen und Kräutern –, der zu Litha an die Tür oder an ein Fenster des Hauses gehängt oder auf den Herd gelegt wird, um das Heim vor Krankheit und Unheil zu bewahren und Segen, Gesundheit und Harmonie ins Haus zu bringen. Auf dem Kopf getragen steht er für Fruchtbarkeit.

Ein sehr alter Brauch ist das Entzünden von Königskerzen. In Öl getaucht und bei Einbruch der Dunkelheit angezündet, stellte man sie an Wege und Feldränder. In Teilen Süddeutschlands zogen die Menschen mit den Fackeln durchs Dorf – als Zeichen, dass das Licht auch in dunkleren Zeiten nicht verloren geht und um die Macht der Sonne zu symbolisieren.

TEE-REZEPT FÜR DEN SOMMER

Verbinde dich mit der lichtvollen, wärmenden und heilsamen Kraft der Sommerkräuter – ganz einfach in Form einer Tasse Tee. Nimm dir einen stillen Moment, um die Fülle dieser Jahreszeit bewusst aufzunehmen. Die Pflanzen, die nun wachsen und blühen, tragen die Sonnenkraft in sich – du kannst sie mit jedem Schluck tief in dein Inneres aufnehmen.

Besonders geeignet für eine solche Teemischung sind die Blüten von Kamille, Ringelblume, Malve und Königskerze, das blühende Kraut von Johanniskraut, Eisenkraut, Thymian und Schafgarbe sowie die Blätter von Melisse, Minze und Beifuß. Sie alle stärken, klären und schenken dir einen Hauch von Sommer – auch dann, wenn der Tag einmal grau sein sollte.

Mische fünf bis sieben dieser Kräuter zu gleichen Teilen – frisch gesammelt oder bereits getrocknet. Beifuß und Johanniskraut bitte nur sehr sparsam verwenden. Für eine Tasse brauchst du etwa 1 bis 2 Teelöffel der Mischung. Übergieße sie mit kochendem Wasser und lasse den Tee etwa 5 Minuten ziehen. Danach durch ein Sieb abgießen.

Du kannst den Tee warm genießen – vielleicht mit einem Löffel Honig (Sonnensymbol) verfeinert – oder kalt als erfrischendes Sommergetränk. Auch als kleines persönliches Ritual am Morgen oder in der Dämmerung kann dieser Tee dir helfen, dich innerlich mit der Kraft des Sommers zu verbinden – mit all seiner Fülle, Wärme und stillen Klarheit.

RITUAL ZUR STÄRKUNG DER LEBENSKRAFT

Eine wunderbare Eigenschaft der Sonne ist es, durch ihr Licht unsere Lebenskraft zu stärken. Mit diesem Ritual möchte ich dich einladen, dich mit den nährenden Lichtkräften zu verbinden und neue Energie zu tanken. Werde dir dabei bewusst, welche Last du gerade trägst, und lasse sie liebevoll mithilfe des Feuers los.

Für das Ritual brauchst du:

- Kerze
- 2 Blatt Papier + Stift
- belebendes Räucherwerk wie Minze oder Rosmarin

So gehst du vor:

1. Kurze Sonnen-Meditation

- Zünde das Räucherwerk an.
- Setze dich bequem in die Sonne. Halte dabei deinen Rücken aufrecht.
- Atme tief durch die Nase ein: Stell dir vor, du atmest goldenes Sonnenlicht ein.
- Atme durch den Mund aus: Stell dir vor, du gibst Müdigkeit ab.
- Wiederhole diesen Zyklus sieben Mal.
- Strecke zum Abschluss deine Arme nach oben, als würdest du die Sonne umarmen, und halte kurz inne.

2. Feuer-Ritual

- Schreibe auf das erste Blatt, was dich momentan belastet.
- Auf das zweite Blatt notierst du kraftvolle Wünsche wie „Ich lade neue Energie in meine Leben ein".
- Zünde den ersten Zettel an der Kerze an und verbrenne ihn mit der Intention, alles Belastende nun dem Feuer zu übergeben.
- Lies das Geschriebene auf dem zweiten Zettel vor und stelle dir dabei vor, wie das kraftvolle Licht deinen ganzen Körper belebt.

Frühe Sommerpflanzen

Der Frühsommer zeigt sich von seiner schönsten Seite: Alles blüht, das Leben spielt sich draußen ab. Rund um die Sommersonnenwende steckt besonders viel Heilkraft in den Pflanzen. Lasse uns schauen, welche grünen Schätze wir nun ernten können.

Schwarzer Holunder

Holunder unterstützt Übergänge wie Geburt oder Tod. Auf der Seelenebene helfen die Blüten als Räucherung dabei, Leichtigkeit und Lebensfreude in den Alltag zurückzuholen und die Intuition zu stärken. Der Duft der frischen Blüten schenkt das Gefühl von Geborgenheit und Vertrauen. Medizinisch helfen die Blüten als Tee oder Tinktur bei Erkältung, zur Linderung von festsitzendem Husten, zur Erhöhung der Harnmenge, bei Entzündungen und Hautproblemen sowie als Salbe zur Wundheilung.

Johanniskraut

Johanniskraut wirkt in Ritualen schützend, heilend und glücksbringend. Als Amulett oder Räucherung schützt es vor negativen Energien. Es schenkt der verletzten Seele Licht und Wärme, tröstet und öffnet das Herz. Medizinisch hilft das blühende Kraut als Tee oder Tinktur bei depressiven Verstimmungen und Schlafproblemen und stärkt allgemein das Nervensystem. Das Öl und die Salbe lindern Schmerzen und fördern die Wundheilung. Bei innerlicher Anwendung unbedingt die Sonne meiden!

Beifuß

Beifuß wirkt in Ritualen schützend, reinigend und fördert Visionen, Liebe, Heilung und Fruchtbarkeit. Er öffnet das „Dritte Auge“, stärkt das Selbstvertrauen und hilft bei der Kontaktaufnahme mit Ahnen. Er kann verräuchert, als Duftkissen oder als Amulett genutzt werden. Medizinisch unterstützen die Blätter (und auch Blüten) in Form von Tee und Tinktur Frauen bei Menstruation, Geburt und in den Wechseljahren, sie wirken krampflösend, verdauungsfördernd und beruhigend. Nicht in der Schwangerschaft anwenden!

Weitere Pflanzen des Sommers

Pflanze	Wirkung	Thema
Eisenkraut *Verbena officinalis*	schlaffördernd, harntreibend, krampflösend, allgemein stärkend	Schutz, Reinigung, Glück, inneres Gleichgewicht
Lavendel *Lavandula angustifolia*	beruhigend, schlaffördernd, äußerlich schmerzstillend	Transformation, Reinigung, Geborgenheit, Lebensfreude
Linde *Tilia*-Arten	bei grippalen Infekten, schweiß- und harntreibend, krampflösend	Heilung, Liebe, Toleranz, Gelassenheit, Herzöffner
Melisse *Melissa officinalis*	beruhigend, krampflösend bei nervösen Verdauungsbeschwerden, Abwehrkräfte stärkend	Liebe, Leichtigkeit, Klarheit, Heilung
Thymian *Thymus*-Arten	verdauungsfördernd, schleim- und krampflösend, äußerlich bei rheumatischen Beschwerden	Reinigung, Wohlstand, Klarheit, Vertrauen

SONNWENDKRANZ

Der Kranz ist ein uraltes Symbol für den ewigen Kreislauf der Natur, für das Werden und Vergehen. Er steht symbolisch aber auch für die Sonne und ihren Zyklus. Unsere Vorfahren trugen zur Sommersonnenwende einen „Gürtel" aus Beifuß um die Taille als Zeichen dieses Übergangs. Der Sprung über das Sonnwendfeuer mit dem Kranz auf dem Kopf oder dem „Sonnwendgürtel" um die Hüften sollte alte Lasten abwerfen, um gereinigt in die zweite Jahreshälfte zu starten. Der Kranz wurde anschließend zum Schutz und Segen des Hauses an die Tür gehängt.

Du brauchst dafür:

- frische Kräuter und Blumen (z. B. Beifuß, Johanniskraut, Schafgarbe, Kamille, Eisenkraut)
- biegsamer Zweig (z. B. Weide, Birke, Hasel)
- Bindfaden, am besten Naturfaser wie Jute oder Hanf

So gehst du vor:

- Flechte oder wickle die biegsamen Zweige locker zu einem Ring und fixiere die Enden mit einem Bindfaden.
- Binde kleine Sträußchen aus je 2 bis 3 Pflanzen mit dem Faden direkt an den Zweigkranz. Arbeite straff und immer in die gleiche Richtung, dabei überlappen sich die Bündel leicht. Zwischendurch festziehen, damit es stabil bleibt.

Der Sonnwendkranz mit seinen heilenden Kräutern kann getrocknet zum Räuchern verwendet oder als schützender Segen fürs Haus aufgehängt werden.

DIE SONNE KONSERVIEREN

Wusstest du, dass der energetische Punkt – etwa drei Fingerbreit über deinem Bauchnabel – „Sonnengeflecht" genannt wird? Er trägt symbolisch die Farbe Gelb und steht für das Bewusstsein. Ist es blockiert, beginnt eine negative Gedankenspirale und deine „innere Sonne" strahlt nicht mehr kraftvoll. Du kannst ganz einfach ein Öl für das Sonnengeflecht herstellen, um dich mit den lichten Kräften der Pflanzen zu verbinden – sie wirken öffnend und harmonisierend auf diesen energetischen Punkt.

Du brauchst dafür:

- helles Schraubglas
- frische oder getrocknete Pflanzen (Kamillenblüten, Ringelblumenblüten, Johanniskraut, Löwenzahnblüten, Rosmarinblätter)
- Pflanzenöl (z. B. Sonnenblumen-, Oliven- oder Jojobaöl)
- dunkle Flasche
- optional: Orangenöl

So gehst du vor:

- Gib die Pflanzen grob zerkleinert in das Glas.
- Gieße mit dem Öl auf, bis alle Pflanzenteile gut bedeckt sind.
- Verschließe das Glas und stelle es an einen hellen Ort.
- Schwenke den Ansatz täglich sanft durch.
- Nach 4 Wochen gießt du die Flüssigkeit durch ein Sieb und füllst sie in die dunkle Flasche ab. Wenn du magst, kannst du noch ein paar Tropfen ätherisches Orangenöl in dein Öl geben.

Immer, wenn du das Gefühl hast, dass dich irgendetwas blockiert oder du zu pessimistischen Gedanken neigst, gibst du etwas von dem Öl auf dein Sonnengeflecht und massierst es sanft und achtsam in deine Haut ein.

Jahreskreisfest Lammas – Das Fest der ersten Ernte

Lammas, auch Lughnasadh genannt, ist das fünfte Fest im Jahreskreis. Es wird traditionell am 2. August oder zum Vollmond Anfang August gefeiert. Als Schnitterfest ehrt es die Erdgöttin und den Sonnengott, der sich selbst geopfert hat und in der Kraft des Korns weiterlebt – jenes Korns, das den Menschen Leben schenkt. Es symbolisiert Geben und Nehmen, Wachsen und Vergehen.

Jetzt beginnt die Zeit der Reife und Fülle

Die ersten Früchte werden geerntet, das Korn gedroschen, Marmeladen, Kompotte und Vorräte für den Herbst entstehen. Die Natur zeigt sich noch einmal in ihrer vollen Kraft – satt, golden und üppig. Doch zugleich spüren wir auch, dass der Höhepunkt des Sommers überschritten ist. Die Sonne brennt heiß vom Himmel, die Böden sind trocken, die Kräuter welken, das Licht beginnt sich zu verändern. Es liegt bereits ein leiser Hauch von Abschied in der Luft.

Dankbarkeit für die äußere und innere Ernte

Lammas ist ein Fest, das uns dazu einlädt, innezuhalten und Dankbarkeit zu zeigen – gegenüber der Erde, den Gottheiten, den Pflanzenwesen, die uns Nahrung schenken, und nicht zuletzt auch gegenüber uns selbst. Denn das, was jetzt geerntet wird, ist nicht allein das Werk der Natur – es ist auch das Ergebnis unserer Pflege, unserer Aufmerksamkeit, unserer Arbeit.

Bei der Ernte ist es alter Brauch, einen Teil der Gaben zurückzugeben – als Geste der Achtung, der Wertschätzung und der Bitte um zukünftige Fruchtbarkeit.

Geeignete Gaben sind zum Beispiel:

- ✦ Milch, Mehl, Honig oder Bier
- ✦ Getreidekörner, selbst gebackenes Brot
- ✦ ein paar Kupfermünzen oder andere kleine symbolische Opfer

Auch das Stehenlassen einiger Ähren auf dem Feld – sorgfältig zusammengebunden als Gabe an die Korngeister – gehört zu den überlieferten Traditionen. Lammas ist nicht nur ein Fest der äußeren Ernte,

sondern auch ein Zeitpunkt für die innere Rückschau. Es lädt dich ein, nach innen zu schauen – auf das, was in dir gesät wurde, was gewachsen ist, und was nun vielleicht schon reif geworden ist.

Frage dich bewusst: Was hast du in der ersten Jahreshälfte gesät? Welche deiner Ideen, Gedanken oder Vorhaben sind aufgegangen? Wofür kannst du heute dankbar sein – auch im Kleinen? Was ist noch im Reifen, braucht noch Zeit, Pflege und Geduld? Welche deiner inneren Samen möchtest du aufbewahren, um daraus im nächsten Jahr etwas Neues entstehen zu lassen? Diese Rückschau darf liebevoll und ehrlich zugleich sein. Sie hilft dir dabei, deinen eigenen Lebensweg bewusster zu gestalten, und macht sichtbar, was du vielleicht im Alltag übersehen hast: deine Entwicklung, dein Wachstum, deine Kraft.

KLEINE IMPULSE ZUM FEST

- Backe ein Erntebrot – etwa aus Dinkel, Roggen oder Emmer – und teile es mit Familie, Freunden oder der Natur.
- Schreibe auf, wofür du dankbar bist, und übergib diesen Zettel einer Flamme oder einer Kerze. Die Asche kannst du anschließend auf die Erde streuen – als symbolische Rückgabe an den Kreislauf des Lebens.
- Gestalte einen Erntealtar als Zeichen der Dankbarkeit: Sammle Dinge, die für Fülle, Reife und Ernte stehen – Früchte, Körner, Sonnenblumen, getrocknete Kräuter oder kleine persönliche Symbole.
- Ziehe dich an einen ruhigen Ort zurück. Vielleicht schreibst du in dein Tagebuch, ziehst eine Tarot- oder Orakelkarte oder meditierst. Frage dich: Was trägt in mir gerade Frucht? Was darf noch weiterwachsen, reifen, sich entfalten?
- Hinterlasse kleine Gaben in der Natur: Du kannst etwas Brot, eine Blume, ein paar Körner oder kleine Opfer-Taler unter einen Baum, an eine Quelle oder auf einen Altar in der Natur legen.

PFLANZEN-ESSENZ „FÜLLE"

Nutze die Kraft der sonnenverwöhnten Pflanzen und die Energie dieser Jahreszeit, um dir eine Pflanzen-Essenz herzustellen, die dich auf die Frequenz von Fülle und Überfluss einstimmt. Zu keiner anderen Zeit des Jahres hält die Natur so viel Reichtum für uns bereit wie im Sommer.

Du brauchst dafür:

- leeres Schraubglas
- frische (oder getrocknete) Kräuter wie Ringelblume, Thymian, Klee, Minze, Wilder Majoran (Dost), Hopfen, Schafgarbe, Mädesüß
- Wodka
- dunkle Flasche mit Sprühaufsatz
- optional: Bergkristall-Stückchen

So gehst du vor:

- Zupfe die Kräuter und Blüten klein.
- Fülle sie mit dem Gefühl von Dankbarkeit in das Glas und gieße mit dem Wodka auf.
- Stelle das verschlossene Glas für 4 Wochen an einen hellen, warmen Ort
- Danach gießt du den Ansatz durch ein Sieb und füllst die fertige Essenz in eine dunkle Sprühflasche.

Nutze das Spray, um dein **Energiefeld zu klären, Mangelgedanken zu transformieren** und dich an deinen natürlichen Fluss von Wohlstand und Überfluss zu erinnern. Gib ein paar Sprühstöße der Essenz in deine Aura, um dich für Fülle im Innen wie im Außen zu öffnen. Sprich dabei Affirmationen wie: *Ich öffne mich für die Fülle des Lebens. Ich empfange mit Freude, Vertrauen und Dankbarkeit.*

KRÄUTER-REZEPTE-BUCH

Wie wäre es, wenn du alle deine selbst kreierten Kräuter-Rezepte an einem Ort sammeln könntest – zum Beispiel in einem wunderschönen, selbst gestalteten Rezept-Buch? Mit Hilfe der Schritt-für-Schritt Anleitung zeige ich dir eine einfach nachzumachende Technik zur Gestaltung des Umschlags eines solchen Büchleins.

Du brauchst dafür:

- leeres Notizbuch mit festem Einband (am besten ohne Linien)
- gepresste Blumen, (z. B. Gänseblümchen, Glockenblumen, Vergissmeinnicht, Kornblumen, Thymian, Gundermann
- Pinsel
- Bastel-Leim

So gehst du vor:

- Trage mit einem Pinsel eine dünne Schicht Kleber auf die Rückseite der Blumen auf.
- Drücke sie vorsichtig auf eine Seite deines Notizbuchs.
- Nach dem Trocknen kannst du vorsichtig eine weitere Schicht Kleber über die Blumen streichen – das schützt und versiegelt sie.

In deinem Rezeptbuch kannst du nicht nur deine Kreationen festhalten, sondern auch deine Erfahrungen und wichtige Informationen aufschreiben. Besonders schön ist es, wenn du die Seiten bunt gestaltest und damit dein Buch zu einem kleinen Kunstwerk machst. So wird es ein lebendiger Begleiter, der dich inspiriert und deine Verbindung zu den Pflanzen stärkt.

Der Kräuterbuschen – Pflanzenkraft bündeln

Eine besonders schöne und weitverbreitete Tradition rund um Lammas ist das Binden eines Kräuterbüschels – je nach Region auch Kräuterbuschen, Würzwisch oder Weihbüschel genannt. Dieses Ritual verbindet uns mit der heilsamen Kraft der Pflanzen, der alten Volksmedizin und dem Jahreskreis.

Der Kräuterbuschen wird traditionell aus 7, 9 oder mehr Pflanzenarten gebunden – in manchen Gegenden sogar aus bis zu 99 verschiedenen Kräutern. Jede Zahl hat dabei ihre eigene Symbolkraft: Sieben steht etwa für die spirituelle Ordnung, neun für Ganzheit und zyklischen Wandel.

Im Zentrum des Buschens steht meist eine stattliche Königskerze – sie gilt als Lichtbringerin und Beschützerin. Um sie herum werden die weiteren Pflanzen locker und liebevoll arrangiert. Du nimmst einfach das, was zur Zeit des Festes in deiner Umgebung wächst oder zu dir spricht.

Typische Kräuter sind:

- Beifuß – Reinigung, Übergänge, Schutz
- Dost (Wilder Majoran) – Schutz, Ausgleich, Übergänge
- Frauenmantel – Weiblichkeit, Geborgenheit
- Johanniskraut – Lichtbringer, Seelenschutz
- Kamille – Beruhigung, Frieden, Sonnenkraft
- Königskerze – Licht, Schutz, Standfestigkeit
- Kornblume – Intuition, Zartheit, Verbindung zum Himmel
- Lavendel – Ruhe, Klärung, Ausgleich
- Malve – Sanftheit, Herzenswärme
- Melisse – Trost, Herzöffnung
- Minze – Erfrischung, Klarheit, Antrieb
- Rainfarn – Abwehr, Kraft gegen Negatives
- Salbei – Reinigung, Weisheit, Transformation
- Schafgarbe – Heilung, Frauenkraft, Wundverschluss
- Thymian – Stärkung, Mut, Abwehr

Von jeder Pflanze genügt ein einzelner Stängel als stellvertretendes Symbol einer jeden Sommerpflanze. Der fertige Strauß wird mit einem Band zusammengebunden und anschließend kopfüber an einem luftigen, schattigen Ort getrocknet.

KLEINES RITUAL

Ein Kräuterbuschen ist weitaus mehr als nur schmückender Kräuterstrauß – er ist Heilmittel und spiritueller Helfer zugleich und wirkt besonders kraftvoll, wenn du aus dem Binden der Kräuter ein kleines Ritual machst. Du brauchst nichts weiter dazu als frische Kräuter – ideal wäre eine Königskerze als Mittelstück –, ein Band aus Naturfaser, eine Kerze und einen ruhigen Platz, vielleicht deinen Lieblingsplatz in der Natur.

Zünde zunächst die Kerze an und schenke dir einen Moment der Stille, um ganz bei dir anzukommen. Atme den Duft der Kräuter bewusst ein und lasse dich von ihrer lebendigen Energie erfüllen. Lege die Kräuter vor dir aus, berühre sie achtsam und danke jeder einzelnen Pflanze für ihre Kraft. Beginne dann mit der Königskerze und füge nach und nach die übrigen Kräuter hinzu – vertraue dabei deiner Intuition. Wenn du magst, sprich laut aus, wofür jede Pflanze in deinem Strauß stehen soll: die Schafgarbe für Heilung, der Beifuß für Schutz, der Lavendel für Ruhe, ... Sind alle Kräuter beisammen, binde sie mit dem Band zu einem festen Strauß. Während du den Knoten schließt, sprich eine einfache, alte Segensformel:

Gebündelte Kraft aus Blüte und Blatt,
sei Segen, Schutz und gute Tat.

Hänge den fertigen Buschen anschließend an einem schattigen Ort kopfüber zum Trocknen auf. Du kannst zusätzlich deine persönliche Intention auf einen Zettel schreiben und ihn mit in das Bündel einfügen. Soll der Kräuterbuschen ausschließlich zum Räuchern dienen, kannst du ihn direkt zu einem festen Räucherbündel verschnüren.

Bei Krankheit können Blätter oder Blüten daraus für einen heilenden Tee genommen werden. Bei Unwetter, schweren Träumen oder Spannungen im Haus gibst du ein wenig davon ins Herdfeuer oder in eine Räucherschale – als Schutz für dein Zuhause und für die Seele. Der Kräuterbuschen ist damit ein Jahr in Pflanzenform, ein duftendes Erinnerungsstück an die Fülle des Sommers und an deine eigene tiefe Verbindung zur Natur.

FÜLLE-RITUAL – VON HERZEN TEILEN

Jetzt, im Hochsommer, tritt die Natur in ihre ganze Pracht – wie ein Füllhorn, das sich üppig über die Welt ergießt. Die Zeit der ersten Ernte lädt uns dazu ein, innezuhalten und zu reflektieren, wem und für was wir dankbar sind. Die Natur fordert uns dazu auf, es ihr gleich zu tun und aus vollem Herzen zu schenken. Ein Ritual mit gesegnetem Gebäck ist eine kraftvolle Möglichkeit, Dankbarkeit auszudrücken und sich mit dem Kreislauf von Geben und Empfangen zu verbinden.
Lege selbst gebackenes Brot – oder anderes Gebäck – auf ein schönes Tuch. Zünde eine Kerze an und halte die Hände darüber. Sprich – laut oder in Gedanken:
Dieses Brot ist ein Stück Erde, gemacht mit viel Liebe.
Ich segne es aus ganzem Herzen und dem Wunsch nach echter Fülle.
Es soll nähren, stärken und Freude bringen –
für mich und für alle, mit denen ich es teile.

Brich das Brot und teile es achtsam. Wenn du allein bist, iss bewusst. Wenn du im Kreis bist, gib jedem ein Stück mit den Worten:
Empfange, was das Leben dir schenken will –
mit offenem Herzen und dankbaren Händen.

Lege einen Teil des Gebäcks als Gabe in die Natur. Beende das Ritual mit einem stillen Dank:
Ich danke für die Fülle, die war, die ist und die kommen darf.

OPFER-TALER

Wenn du dich bei Mutter Erde für ihre Gaben oder ihre Hilfe bedanken möchtest, so kannst du – nicht nur zu Lammas oder Mabon – kleine Opfertaler an sie zurückgeben als Zeichen der tiefen Dankbarkeit und Verbundenheit mit allem.

Du brauchst dafür:

- (lufttrocknender) Ton
- getrocknete Kräuter, Blüten oder Gewürze – ganz nach Belieben
- Küchentuch oder Backpapier

So gehst du vor:

- Nimm etwa ein pfirsichgroßes Stück von dem Ton und knete es gut durch.
- Drücke den Ton mit dem Handballen flach und streue Kräuter, Blüten oder feine Gewürze darauf. Arbeite die Pflanzenteile durch kräftiges Kneten in den Ton ein.
- Nimm von deinem Ton-Kräuter-Gemisch haselnussgroße Stücke, rolle sie zu einer kleinen Kugeln und drücke diese dann vorsichtig platt.
- Die fertigen „Taler" kannst du auf ein Küchentuch zum Trocknen geben. Während des Trocknens einmal täglich wenden.
- Wenn die Taler komplett durchgetrocknet sind, in einer Dose aufbewahren.

Gib immer, wenn dir danach ist, als Zeichen des Dankes an Mutter Natur ein paar der Taler – ich nehme gerne drei an der Zahl – und lege sie unter einen Baum, an eine Quelle, deinen Altar, eine schöne Stelle in deinem Garten oder auch einfach in einen Blumentopf. Die Pflanzengeister freuen sich darüber.

Späte Sommerpflanzen

Ganz langsam verliert die bunte Vielfalt in der Natur an Leuchtkraft und lässt uns erahnen, dass die heißeste Zeit des Jahres nun bald vorbei ist. Bevor wir uns vom Sommer verabschieden, möchte ich dir noch die drei großen (Wund-) Heilerinnen vorstellen, die nun ihre höchste Heilkraft erreicht haben.

Kamille

Kamille heilt und fördert Liebe und Wohlstand. Getrocknete Blüten in einem Säckchen wirken schützend, als Bad oder Räucherung stärken sie die Liebe, heilen die verletzte Seele und schenken Geborgenheit. Kamillentee lindert Magenbeschwerden, Menstruationskrämpfe und Erkältungen. Eine Inhalation hilft bei Nebenhöhlenentzündung. Äußerlich wirkt Kamille entzündungshemmend und wundheilend als Salbe, Tee-Auflage bei Verletzungen und Hautproblemen. Als warme Auflage lindert sie Hals- und Ohrenschmerzen.

Schafgarbe

Schafgarbe schützt, stärkt und zieht Liebe und Erfolg an. Als Bad oder verräuchert hilft sie beim Loslassen. Seelisch tröstet sie, stärkt Mut und Selbstbewusstsein, verbindet mit Naturwesen und schützt vor Fremdenergien. Medizinisch wirkt das blühende Kraut als Tee oder Wickel blutstillend, krampflösend, entzündungshemmend und verdauungsfördernd. Hilfreich bei Frauenleiden, Hautproblemen, Atemwegs- und Leberbeschwerden sowie körperlicher und seelischer Erschöpfung.

Ringelblume

Die Ringelblume bringt Heilung, Schutz, Liebe und fördert Visionen. In Ritualen stärkt sie Herzensverbindungen, klärt den Geist und fördert Hellsicht. Seelisch schenkt sie Trost, Hoffnung und innere Stärke. Die Blüten wirken äußerlich als Salbe wundheilend und entzündungshemmend, zum Beispiel bei kleineren Verletzungen und Hautproblemen. Tee oder Tinktur helfen bei Magen-Darm-Beschwerden, Menstruationsschmerzen oder Lymphstau. Sie stärken die Nerven und kräftigen das Herz.

Weitere Spätsommerkräuter

Pflanze	Wirkung	Thema
Dost, Wilder Majoran *Origanum vulgare*	krampflösend, nervenstärkend, schleimlösend, verdauungsfördernd	Liebe, Wohlstand, Klarheit, Weiblichkeit, Schutz
Königskerze *Verbascum*-Arten	bei Reizhusten, entzündungshemmend, äußerlich bei Verbrennungen	Bei Spannungen im zwischenmenschlichen Bereich, Heilung, Schutz
Malve *Malva*-Arten	bei Entzündungen der Atemwege als Kaltansatz, harntreibend	Transformation, Liebe, Schutz, Leichtigkeit, Mitgefühl
Pfefferminze *Mentha × piperita*	belebend, nervenstärkend, verdauungsfördernd, krampflösend	Reinigung, Erfolg, Wohlstand, Glück, Freude, Mut
Salbei *Salvia officinalis*	entzündungshemmend, schweißhemmend, verdauungsfördernd, appetitanregend	Reinigung, Wohlstand, Intuition, Schutz, Fruchtbarkeit

Feuer – Element der lebendigen Kraft

Seit Anbeginn ist das Feuer ein heiliger Begleiter der Menschheit. Als unsere Vorfahren das erste Mal selbst eine Flamme entfachten, veränderte sich alles: Mit dem Feuer kam das Licht in die Nacht, die Wärme machte die kalte Höhle bewohnbar, Nahrung konnte gegart und wilde Tiere ferngehalten werden. Der Mensch lernte früh, das Feuer für sich zu nutzen – und doch blieb es etwas Eigenständiges und Wildes, das sich nie ganz zähmen ließ.

- **In vielen alten Kulturen galt das Feuer als beseelt und es wurden ihm sogar einige Gottheiten zugeordnet.** Es war mehr als ein Werkzeug – es war ein Wesen. Ein Hüter, ein Heiler, ein Zerstörer, ein Mittler zwischen den Welten. Am Feuer wurden Geschichten erzählt, Ahnen und Götter gerufen. Es war die Mitte der Gemeinschaft und das Herdfeuer galt als Herz des Hauses. Die Glut durfte nicht erlöschen. Über Nacht wurde sie mit Asche bedeckt, am Morgen neu entfacht. Wer das Herdfeuer verlor, verlor den Schutz und Verbindung zur geistigen Welt.
- **Feuer machte die Metallverarbeitung möglich.** Erst durch Hitze ließ sich das Erz schmelzen und formen. Werkzeuge, Waffen, Gebrauchsgegenstände – alles begann mit der Glut. Feuer bedeutete also nicht nur Wärme, sondern kulturellen Fortschritt.

- **Im Jahreskreis markiert Feuer die großen Übergänge.** Zur Wintersonnenwende entzünden wir das Licht, zur Sommersonnenwende feiern wir seine Kraft. Auch an Beltane und Samhain tanzt das Feuer mit: Es segnet Leben, schützt in Zeiten des Wandels, verbindet uns mit dem, was war – und dem, was kommt.
- **In der Ritualarbeit steht Feuer für Transformation.** Was wir nicht mehr brauchen, darf ins Feuer gegeben werden. Schmerzen, Ängste, alte Muster – alles darf sich wandeln. Oft genügt ein kleiner Zettel mit ehrlichen Worten. In früheren Zeiten glaubte man, dass Feuer Dämonen vertreiben kann – auch Krankheitsdämonen, die durch das Feuer gebannt und aus Körper oder Haus vertrieben wurden.
- **Kräuter unterstützen als Räucherwerk.** Rituale reinigen Räume und stärken die Verbindung zur geistigen Welt. Beifuß wird traditionell zu Mittsommer und in den Raunächten verbrannt. Wacholder klärt, Salbei reinigt, Lavendel beruhigt. Der aufsteigende Rauch trägt Bitten und Segnungen in die geistige Welt und wirkt wie ein unsichtbares Band zwischen Diesseits und Jenseits.
- **Das innere Feuer braucht Pflege.** Ist es zu schwach, fehlt uns Kraft und Lebensfreude. Brennt es zu stark, entstehen Unruhe und Gereiztheit. In der Seelenmedizin geht es darum, dieses Feuer auszubalancieren. Rosmarin und Thymian stärken das Lebensfeuer, Kamille, Ringelblume und Melisse kühlen und bringen Ruhe. Wer einmal still vor einem Feuer saß, kennt seine Kraft. Die Gedanken werden leiser, das Herz weiter, die Seele ist bereit zu empfangen.

Das Feuer hört zu. Es nimmt auf, was wir ihm anvertrauen, und gibt Wärme, Licht und Zuversicht zurück. Es erinnert uns daran, dass aus Asche neues Leben wachsen kann. Gerade in einer Zeit, in der viele sich von der Natur und von sich selbst entfremdet haben, kann die bewusste Arbeit mit dem Feuer eine tiefe Rückverbindung schaffen. Eine kleine Flamme, ein einfaches Ritual, ein Wunsch, der ins Feuer gegeben wird – all das kann reichen, um unser inneres Licht wieder zu spüren. Denn das Feuer ist bis heute das, was es immer war: ein lebendiges Element der Wandlung, der Klarheit und der Kraft. Es lädt uns ein, loszulassen, neu zu beginnen – und ganz in unsere eigene Mitte zurückzufinden.

Legenden zu Sommerkräutern

Um die Kräuter, die im Sommer am kräftigsten sind, ranken sich so manche Mythen und Legenden.

„Wer **Kamille** in Händen hält, ist vor Verhexungen geschützt." So lautet eine alte Regel in der Volksmagie. Getrocknete Büschel des Krautes warf man in das Sonnwendfeuer und stellte sich in den Rauch, der eine sehr heilende Wirkung haben sollte. Auch wurden die Büschel in Haus und Stall aufgehängt, zum Schutz von Mensch und Vieh vor Blitz, schlecht gesinnten Wesen und allem Unheil.

Johanniskraut galt allgemein als sehr starke Schutzpflanze. So war es bei unseren Vorfahren üblich, dass sie ein paar Zweige davon an die Türe und in die Fensterkreuze hängten, um die Bewohner des Hauses vor allem Unheil zu bewahren. Auch gegen Blitzschlag sollten die Zweige oder ein Kränzchen aus der Pflanze schützen. Aber nicht nur vor Unheil oder Blitzschlag sollte das Kraut schützen, man war davon überzeugt, sogar Dämonen und den Teufel damit vertreiben zu können.

Eines der wichtigsten Zauberkräuter ist das **Eisenkraut**. In Ungarn hieß es, wenn man das Kraut auf seinem Weg finde, müsse man den Rest des Tages ziellos umherirren. Andererseits war es großes Glück, auf diese Pflanze zu stoßen und für unsere keltischen Vorfahren war es eine der heiligsten Pflanzen überhaupt. Sie nutzten sie zum Salben, da man so alles erlangen konnte, was man begehrte. Auch sollte man so Fieber vertreiben, Freundschaften schließen und alle Krankheiten heilen können. Eisenkraut in die Schuhe gelegt verhindert Müdigkeit und Erschöpfung beim Laufen. Ein Kranz davon auf dem Kopf getragen, vertreibt Kopfweh, den Kranz an die Haustüre gehängt, verhindert das Eindringen negativer Energien.

Beifuß soll anziehend auf die Liebe wirken, weshalb Witwen und Unverheiratete das Kraut bei sich trugen, und war beliebter Bestandteil verschiedener Tränke für Liebes- und Fruchtbarkeitszauber. Auch schrieb man ihm eine stark schützende Eigenschaft zu, weshalb man ein Sträußchen in Haus und Hof zum Schutz vor Unheil und Dämonen aufhängte. Sogar die Pest soll er vertrieben haben, berichteten die Alten.

Die **Malve** wurde in der Volksmagie genutzt, um sich vor Augenkrankheiten zu schützen. Hierzu sollte die Wurzel auf den Rücken gebunden werden. Wollte man wissen, ob eine Frau noch Jungfrau oder überhaupt fruchtbar war, goss man ihren Harn auf die Malve. Verdorrte diese innerhalb von drei Tagen, so war sie entweder keine Jungfrau mehr oder eben unfruchtbar. Gegen Unfruchtbarkeit bei Männern sollten diese die Samen der Pflanze verspeisen.

Der majestätisch anmutenden **Königskerze** schrieben unsere Vorfahren allerlei magische Wirkungen zu. Man war überzeugt davon, dass, wenn eine Königskerze auf einem Grab wachsen würde, der Verstorbene noch keine Ruhe gefunden hätte. Um eine Krankheit loszuwerden, knickte man eine Königskerze in Richtung Osten ab und sprach dabei die Bitte aus, dass die verlorene Gesundheit wieder zurückkommen solle.

Der **Dost**, auch Wilder Majoran genannt, galt jeher als eines der besten Mittel, um das Böse zu vertreiben. Er wurde als schützende und abwehrende Pflanze genutzt und in Reinigungsriten eingesetzt. Auch nutzten unsere Vorfahren „antidämonische" Unterlagen, was bedeutet, dass sie auf verschiedenen, meist stark duftenden Kräutern schliefen, um alle übel gesinnten Wesen, aber auch gefährliche Tiere vom Schlafplatz fernzuhalten. Vor allem Wöchnerinnen, die besonders gefährdet waren, bettete man auf einer solchen Unterlage. Ein Sträußchen Dost im Haus aufgehängt, sollte bösartige Wesen am Eintreten hindern.

Kapitel 4

HERBST

Das sind die Themen dieser Jahreszeit:

Ernte – Es ist Zeit, die letzten Vorräte für den Winter aufzufüllen.

Dankbarkeit – Die Natur schenkt uns selbstlos Fülle und Überfluss – dafür können wir ihr gar nicht genug danken.

Rückblick – Die aktivste Zeit des Jahres ist nun vorbei. Blicke in Dankbarkeit auf das zurück, was war.

Loslassen – Der Sommer verabschiedet sich, Licht und Wärme verlieren an Kraft. Die Natur beginnt ihren Rückzug und auch du darfst das verabschieden, was nicht mehr gebraucht wird.

Transformation – Vom Werden zum Vergehen, vom Licht zur Dunkelheit.

Ahnen – Geboren durch sie und getragen von ihrer Weisheit.

Reinigung – Das Alte und Verbrauchte loslassen durch Transformation der Energien.

Opfergabe – Zeichen der Wertschätzung für Mutter Erde und unsere Ahnen.

Rückzug – Die Natur macht es vor und auch unserem natürlichen Lebensrhythmus entspricht es, langsamer zu werden, innezuhalten und den Fokus auf die Innenwelt zu richten.

Sich erden – Es ist nun an der Zeit, dass wir uns unserer Wurzeln besinnen – denen, die uns im Leben Halt geben wie auch denjenigen, aus denen wir hervorgegangen sind.

Was die Alten wussten

Die letzten warmen, wenn auch nicht mehr kraftvollen Sonnenstrahlen bereiteten die Menschen darauf vor, dass nun die Zeit des Rückzugs anbrach – sowohl in der Natur als auch im Alltagsleben. Nach der Tagundnachtgleiche am 22./23. September begann die Dunkelheit unaufhaltsam die Oberhand zu gewinnen.

In der noch sehr angenehmen Sonne des Altweibersommers konnte man Fäden „fliegen" sehen, die die Alten mit den Spinnfäden der Göttin Holle assoziierten – manchmal sah man in ihnen auch Fäden oder Fetzen des Gewandes der Göttin. Verfingen sich diese Fäden in der Kleidung, so brachte dies dem Träger Glück. Gegen Augenleiden half es, mit dem Tau, der sich an die Fäden haftete, die Augen zu benetzen.

In der Volksmedizin war der Herbst – ebenso wie der Frühling – besonders gefürchtet, da er viele Krankheiten brachte und so mancher Seele das Leben kostete.

Die letzte Ernte

Der Herbst war für unsere Vorfahren eine Zeit der letzten Ernte. Die Vorräte für den langen Winter wurden haltbar gemacht und eingelagert. Auch wenn diese Jahreszeit heute überwiegend vom Dankesfest für die eingebrachten Ernte geprägt ist, so stand einst die Schlachtung des Viehs im Vordergrund – die Monate Oktober und November trugen den Namen „Schlacht-Mond", im Angelsächsischen hieß der November „Blôtmônath". Zum Fest des Dankes wurden nicht nur die Früchte von Baum und Feld geopfert, auch die Opferung eines Tieres gehörte dazu.

Schwellenzeit

Der Herbst erinnert nicht nur an das Vergehen des Sommers, sondern auch an den Kreislauf des Lebens. Seit jeher galt der Herbst als besondere Schwellenzeit. Unsere Vorfahren glaubten, dass mit dem Kürzerwerden der Tage auch die Grenze zwischen der Welt der Lebenden und der Welt der Toten dünner wurde. Besonders im alten keltischen Jahreskreis begann mit Samhain am 31. Oktober bzw. mit dem Neumond im November die dunkle Jahreszeit – eine Zeit, in der die Geister der Ahnen und Naturwesen umherwanderten. In manchen Gegenden Süddeutschlands war es Brauch, den Herbst „auszuleuchten" und damit die Dämonen zu vertreiben, indem junge Burschen in der Dunkelheit mit Fackeln durch das Dorf zogen.

Auch im mitteleuropäischen Volksglauben sprach man vom Beginn der Geisterzeit: Die Göttin Holle mit ihrer wilden Jagd zog durch den Himmel, Dämonen und die Seelen der Verstorbenen streiften durch Felder und Wälder. Deshalb entzündeten die Menschen Feuer, um der Dunkelheit das Licht entgegenzusetzen, räucherten ihre Häuser oder stellten Speisen für die Ahnen bereit, um Schutz und Segen zu erbitten. Manch einer flüsterte beim Räuchern alte Sprüche, um Haus und Hof vor Unheil zu bewahren – eine Verbindung zwischen den Welten, die in dunklen Herbstnächten besonders greifbar erschien.

Mabon – Zeit der Dankbarkeit

Mabon ist das sechste Jahreskreisfest und wird zur Herbst-Tagundnachtgleiche am 22. oder 23. September gefeiert. An diesem Wendepunkt des Jahres stehen Tag und Nacht in vollkommenem Gleichgewicht – ein kraftvoller Moment der Balance, bevor die Dunkelheit langsam die Oberhand gewinnt. Die Sonne verliert spürbar an Kraft, die Tage werden kürzer, die Nächte kühler und länger. Und doch strahlt der Herbst oft noch in goldenem Licht und verwöhnt uns mit seiner Fülle.

Dieses Fest ist tief verbunden mit dem Thema Dank-

KLEINE IMPULSE ZUM FEST

- **Gestalte einen Erntealtar:** Sammle Dinge, die für Fülle, Dankbarkeit und Loslassen stehen wie bunte Blätter, Kastanien, Äpfel, Nüsse oder Wildfrüchte und dekoriere deinen Altar damit.
- **Koche ein Essen aus Erntegaben:** Ein wärmendes Gericht – aus Kürbis, Wurzelgemüse, Äpfeln, Zwetschgen, Pilzen – ist eine schöne Art, sich mit der Jahreszeit zu verbinden. Lade Freunde oder deine Familie ein, um gemeinsam zu essen und sich über das vergangene Jahr auszutauschen.
- **Feuerritual:** Schreibe auf, was du loslassen möchtest – alte Muster, Ängste, Gedanken – und übergib es dem Feuer.
- **Spaziergang in der Natur:** Geh bewusst raus und beobachte, wie sich die Natur verändert, wie sie sich zurückzieht. Vielleicht findest du dabei auch kleine Schätze, die du mitnehmen und für deinen Altar oder eine spätere Räucherung verwenden kannst.

barkeit. Die Natur zeigt sich noch einmal in ihrer vollen Pracht – die Ernte ist eingefahren, die Vorratskammern gefüllt, Obst und Gemüse eingelagert, Kräuter getrocknet. Alles, was wir brauchen, um gut durch den Winter zu kommen, wurde nun gesammelt. Die Pflanzenwelt zieht sich allmählich in die Erde zurück – ein natürlicher Rhythmus, dem wir selbst folgen dürfen.

Mythologisch gesehen ist Mabon auch eine Zeit der Hoffnung: Die große Göttin ist mit dem Sonnengott schwanger – das Licht wird also wiederkehren, auch wenn wir es jetzt langsam verabschieden müssen.

Mabon ist ein Fest der Übergänge. Du darfst still werden, danken, loslassen – und dich vorbereiten auf das, was kommt. Ganz in deinem Tempo, ganz in deinem Rhythmus.

Der Blick nach innen

Mabon lädt dazu ein, innezuhalten und Rückschau zu halten. Welche Samen hast du in diesem Jahr gesät – an Ideen, Projekten, Gedanken? Was davon ist aufgegangen, was hat reiche Frucht getragen? Was durfte sich entfalten, was blieb aus? Und was hat dich vielleicht überrascht? Es ist die perfekte Zeit, um zu reflektieren: Womit bist du dieses Jahr beschenkt worden, im Innen wie im Außen? Was war im Überfluss da – und wofür bist du dankbar? Es ist auch ein guter Moment, um dich zu fragen, was willst du loslassen und was in die dunkle Jahreshälfte mitnehmen? Wie kannst du das Licht in dir selbst bewahren, auch wenn es um dich herum dunkler wird?

DANKBARKEITSRITUAL

Wenn die Tage merklich kürzer werden und die Sonne an Kraft verliert, ist es an der Zeit, das bisherige Jahr zu reflektieren und Dankbarkeit dafür zu zeigen, was uns die Natur und das Leben selbst geschenkt hat.
Schreibe einen Brief an die Geistige Welt, das Universum, Mutter Erde oder bei wem auch immer du dich bedanken möchtest. Ob du ihn nun ausschmückst und alles, was von der Saat bis zur Ernte geschehen ist, aufschreibst oder ob du dich einfach nur kurz und bündig für die Fülle in deinem Leben bedankst, bleibt dir überlassen. Sei beim Schreiben ganz frei, sei einfach du. Versuche nicht, deine Gedanken in wohlklingende Worte zu kleiden, sondern schreibe sie so auf, wie sie dir in den Sinn kommen – denn diese Worte gehören zu dir und spiegeln dein Innerstes wieder.
Vergrabe den Brief zusammen mit ein paar Blumen, Kräutern oder einem Apfel in deinem Garten oder in der freien Natur und lasse auch gerne an der Stelle ein paar Opfer-Taler zurück.
Alternativ kannst du den Brief auch in deinem Zuhause aufbewahren – als kleine Erinnerung – und ihn im Frühjahr, gemeinsam mit neuen Samen, in die Erde geben. Ein kraftvolles Symbol für den ewigen Kreislauf von Werden, Wachsen, Vergehen und Wiedergeburt.

APFEL-SCHUTZRITUAL

In der Kräutermagie steht der Apfel für die Themen Liebe, Fruchtbarkeit, Schutz, Ahnen und Divination (Wahrsagekunst). Die stark schützende Wirkung des Apfels zeigt sich symbolisch darin, dass er ein Pentagramm in sich trägt – zu erkennen, wenn du den Apfel quer halbierst. Wenn du dich vor schlechten Energien schützen möchtest, dann führe das folgende kleine Ritual aus. Du brauchst dafür einen roten Apfel, eine Kerze, etwas Salz oder Rosmarin und ein rotes Band.

So gehst du vor:

1. Schneide den Apfel quer durch.
2. Zünde die Kerze an und lege die beiden Apfelhälften mit der Schnittfläche nach oben vor dich hin. Nimm dir einen Moment, um zur Ruhe zu kommen und dich mit deiner Absicht zu verbinden.
3. Halte deine Hände über den Apfel – spüre die Verbindung zur Erde, zur Natur, zu deiner inneren Kraft. Sprich dann laut oder leise:
   Möge dieses Zeichen mich schützen.
   Fünf Kräfte wachen über mich:
   Erde, Wasser, Feuer, Luft und Geist.
   Was nicht zu mir gehört, bleibt fern.
4. Lasse die Worte in dir nachklingen und verankere deine Schutzabsicht im Apfel.
5. Bestreue eine Apfelhälfte mit Salz oder Rosmarin – beides sind starke, reinigende Schutzmittel.
6. Lege die Hälften wieder zusammen – wie ein versiegelter Schutzkreis. Umwickle den Apfel fest mit einem roten Faden oder Band. Rot steht für Lebenskraft und Schutz.
7. Vergrabe den Apfel draußen in der Erde – zum Beispiel unter einem Baum, an deinem Lieblingsplatz oder in einem Blumentopf auf dem Balkon. Alternativ kannst du ihn für 7 Tage an einen geschützten Ort legen – zum Beispiel auf deinen Altar oder ans Fenster. Danach gib den Apfel der Natur zurück – als Zeichen deiner Dankbarkeit und der abgeschlossenen Schutzarbeit.

TEE-REZEPT ZUR ZEITQUALITÄT DES HERBSTES

Verbinde dich mit der nährenden und ruhigen Kraft des Herbstes – ganz achtsam in Form einer Tasse Tee. Nimm dir einen stillen Moment, um die Fülle und Reife dieser Jahreszeit bewusst aufzunehmen. Die Pflanzen, die jetzt geerntet werden, tragen in sich die gespeicherte Sonnenenergie des Sommers – und die Ruhe, mit der die Natur sich langsam zurückzieht.

Besonders geeignet für eine herbstliche Teemischung:

- Apfelstücke
- Brombeerblätter
- Fenchelsamen
- Hagebutten
- Holunderbeeren
- Melissenblätter
- Ringelblumenblüten
- Schafgarbenkraut
- Thymiankraut

Diese Blüten, Früchte und Blätter wärmen, stärken das Immunsystem, schenken Sanftheit, Klarheit und einen Hauch von innerem Rückzug.

So gehst du vor:
Mische fünf bis sieben dieser Kräuter und Früchte zu gleichen Teilen. Für eine Tasse Tee brauchst du etwa 1 bis 2 Teelöffel der Mischung. Übergieße sie mit kochendem Wasser und lasse sie 8 bis 10 Minuten ziehen, damit die Früchte und Beeren ihr volles Aroma entfalten können. Danach durch ein Sieb abgießen.
Genieße den Tee warm, gerne mit einem Löffel Honig. Du kannst ihn auch bewusst als kleines Abendritual trinken, um dich zu erden, loszulassen und den Tag ruhig ausklingen zu lassen.
Dieser Tee hilft dir, dich mit der Kraft des Herbstes zu verbinden – mit seiner Weisheit, seinem Rückzug und dem sanften, goldenen Licht.

RÄUCHERWERK „GOLDENE MITTE"

Im Herbst schenkt uns die Pflanzenwelt ihre reifen Früchte, ihre letzte Blüte und ihre gespeicherte Sonnenkraft. Es ist die Zeit der **Ernte, Dankbarkeit und inneren Einkehr**. Nutze diese kraftvolle Phase des Übergangs, um loszulassen, zu klären und dich auf die stillere Zeit des Jahres einzustimmen. Diese Mischung reinigt sanft, schützt dein Energiefeld und bringt eine tiefe, wohltuende Erdung. Sie eignet sich besonders gut für Abende, an denen du zur Ruhe kommen, reflektieren oder dein Zuhause energetisch klären möchtest.

Für die Räuchermischung brauchst du zu gleichen Teilen:

- Ringelblumenblüten
- Hagebuttenschalen
- Holunderbeeren oder -blüten
- Salbeiblätter
- Beifußblätter
- Rosmarinblätter
- Fichten- oder Kiefernnadeln

So gehst du vor:
Mische die getrockneten Zutaten in einem Gefäß. Verwende sie auf Kohle oder dem Räucherstövchen, wenn du die Qualität des Loslassens, des Dankes und der inneren Sammlung unterstützen möchtest – oder um dich auf die dunklere Jahreszeit vorzubereiten.

Weitere geeignete Pflanzenteile für den Herbst:

- Apfelstücke mit Schale
- Eichenrinde
- Heidekraut
- Mädesüßkraut
- Schafgarbenkraut
- Thymiankraut
- Wacholdernadeln
- Ysopkraut

Probiere aus, welche Pflanzen dich besonders unterstützen, und lasse dich von ihren sanften Energien durch diese besondere Zeit tragen.

Herbstpflanzen

Die Natur scheint noch einmal alles geben zu wollen und beschenkt uns mit ihren Früchten und Samen, die nun bereit zur Ernte sind. Die eine oder andere Frucht steckt voller Heilkräfte und ist nun bereit, diese Kräfte mit uns zu teilen.

Apfel

Der Apfel *(Malus domestica)* fördert Leichtigkeit und Sinnlichkeit und stärkt das Vertrauen ins Leben. Er erinnert dich daran, dass du Fülle und Zuneigung annehmen darfst. Fühlst du dich orientierungslos oder entwurzelt, hilft das Räuchern von Apfelbaumrinde, um Klarheit und Zugehörigkeit zu finden. Medizinisch wirkt der Apfel verdauungsfördernd, hilft bei Durchfall (gerieben) oder Verstopfung (Apfelstücke mit Schale) und beruhigt als Tee aus Schale oder frischem Saft bei Nervosität und innerer Unruhe.

Hagebutte

Die Hagebutte, die Frucht der Wildrosen (*Rosa*-Arten), schützt, hilft beim Loslassen und fördert die Fruchtbarkeit. Seelisch bringt sie Leichtigkeit, Mut und Lebensfreude, unterstützt beim Verlassen alter Muster und schenkt neue Perspektiven. Die Früchte helfen dabei, den Blick auf das Schöne im Leben zu richten. Medizinisch stärkt eine Abkochung der Hagebuttenschalen Nieren und Harnwege, wirkt bei Rheuma, Gicht, Ischias, Erkältung und Schwäche. Eine Tinktur wirkt allgemein kräftigend.

Walnuss

Die Walnuss *(Juglans regia)* schützt, stärkt die Liebe und hilft beim Loslassen. Trage eine Nuss bei dir oder räuchere Blätter zum Schutz. Seelisch bringt die Walnuss Gelassenheit, zentriert bei Grübeleien und hilft, Klarheit zu gewinnen. Der Baum schenkt Ruhe und einen neuen Blick auf belastende Gedanken. Medizinisch wirken die Blätter adstringierend bei Durchfall, Haut- und Augenentzündungen, blutreinigend und schweißhemmend – als Tee, Tinktur oder Badezusatz.

Jetzt ernten!

Pflanze	Wirkung	Thema
Birne *Pyrus communis*	harntreibend, verdauungsfördernd, magenstärkend, kreislaufregulierend	Wohlstand, Visionen, innere Balance, Intuition
Eberesche *Sorbus aucuparia*	gekochte Beeren stärken das Immunsystem, gallenflussanregend, bei Durchfall	Schutz, Visionen, Anpassung
Hopfen *Humulus lupulus*	zur Beruhigung, schlaffördernd, bei Nervosität, harntreibend	Heilung, Erfolg, Wohlstand, Erdung, Gelassenheit

RITUAL „SAMEN-ERNTE" – DIE ESSENZ DES JAHRES BEWAHREN

Der Herbst ist eine Zeit des Reifens, des Loslassens – und des Sammelns. Während sich die Natur zurückzieht, können auch wir innehalten und die Essenz des Jahres bewahren: Erfahrungen, Erkenntnisse und innere Qualitäten, die wie Samen in uns erhalten bleiben und Grundlage für Neues sein können.

Das brauchst du für dieses kleine Ritual:

- getrocknete Samen (z. B. Sonnenblume, Ringelblume, Kürbis)
- kleine Papiertütchen oder Gläschen
- Zettel
- Kerze

Besonders passend ist es, selbst geerntete Samen zu verwenden – sie tragen eine persönliche Bedeutung in sich und sind mit deinen Energien verbunden.

So gehst du vor:

Suche dir einen ruhigen Ort. Zünde die Kerze an und nimm dir Zeit, zurückzublicken: Was ist in diesem Jahr gewachsen? Welche Erkenntnisse möchtest du mitnehmen? Wähle für jede dieser inneren Gaben einen Samen. Lege ihn in ein Gefäß und sprich leise:

Ich bewahre diesen Samen der/des ... (z. B. Klarheit, Mutes, Dankbarkeit) für die kommende Zeit.

Wenn du möchtest, beschrifte das Tütchen mit dem jeweiligen Begriff. Schließe das Ritual mit folgenden Worten ab:

Ich danke diesem Jahr für seine Gaben. Mögen diese Samen ruhen, wachsen und eines Tages neue Früchte tragen.

Blase die Kerze aus, um das Ritual zu beenden.

Spirituelle Praxis „sich erden"

Sicher hast du schon oft von dieser Praxis gehört und vielleicht hast du auch schon Erfahrungen damit gemacht. Sich zu erden ist sehr wichtig, um mit der Aufmerksamkeit im Hier und Jetzt zu sein – also genau da, wo sich das Leben abspielt. Neben dem Räuchern von Eichenrinde, sämtlichen Pflanzenwurzeln, Brennnesselblättern und Gundermannkraut kannst du ganz leicht folgende Übungen in deinen Alltag einbauen, um den Kopf freizubekommen und deine Aufmerksamkeit auf den gegenwärtigen Moment zu richten:

- Geh für ein paar Minuten barfuß über Gras, Erde oder Holz. Spüre den Boden unter deinen Füßen.
- Richte deine Aufmerksamkeit bewusst auf drei Dinge, die du sehen, hören und fühlen kannst – das bringt dich ins Hier und Jetzt.
- Lege die Hand flach auf den Unterbauch, atme ruhig und spüre die Bewegung beim Ein- und Ausatmen. Stelle dir vor, dass mit jedem Ausatmen Wurzeln aus deinen Füßen in den Boden wachsen. Bleibe für ein paar Atemzüge in diesem Bild.
- Laufe für ein paar Minuten ganz bewusst langsam – spüre jeden Schritt.
- Klopfe oder reibe Arme, Beine, Schultern leicht ab, um wieder mehr Körperwahrnehmung zu bekommen.

Die meisten dieser Übungen kannst du ganz einfach in deinen Alltag integrieren und auch ausführen, wenn du unter Menschen bist.

Samhain – Wenn das Licht stirbt und die Tore sich öffnen

Die Tage werden kürzer, das Licht verliert spürbar an Kraft. Morgens liegt Nebel über den Feldern, die Luft wird kühler, klarer – und manchmal auch schwer. Die Natur hat ihren Höhepunkt längst überschritten. Die Felder sind abgeerntet, die Wälder lichten sich, das letzte Laub fällt. Die Pflanzenwelt zieht sich zurück in die Erde. Alles wird ruhiger, langsamer, karger. Es ist, als würde das Leben mit jedem Tag ein wenig mehr sterben – damit es später neu geboren werden kann.

In dieser Zeit feiern wir Samhain – das siebte Fest im keltischen Jahreskreis, das oft in der Nacht vom 31. Oktober auf den 1. November oder zum Neumond im November begangen wird. Samhain markiert das Ende des alten Jahres und zugleich den Beginn des Winters. In der alten keltischen Zeitrechnung galt dieses Fest sogar als Neujahr. Die keltische Frühlingsgöttin wandelt sich nun zur alten Weisen, zur Hüterin des Totenreiches. Sie wacht über die Seelen, bis diese im kommenden Frühling – in neuer Gestalt – wieder ins Leben zurückkehren.

Samhain ist ein Fest der Dunkelheit. Es geht um Rückzug, Transformation, um das Loslassen des Alten. Auch ist es das Fest der Toten und der Ahnen. Die Kelten glaubten, dass in dieser Nacht die Schleier zur „Anderswelt" dünner sind – jener Welt, in der die Geister, Seelen und Naturwesen leben. Die Tore stehen offen, und so können wir unseren Verstorbenen in die-

IMPULSE FÜR DEIN PERSÖNLICHES SAMHAIN-RITUAL

Samhain lädt uns ein, den Kreislauf des Lebens in seiner Tiefe zu ehren. Wenn wir lernen, der Dunkelheit Raum zu geben, erkennen wir, dass aus ihr das neue Licht geboren wird – still, unsichtbar, aber kraftvoll. Und so beginnt das Jahr bei den Kelten nicht mit einem Feuerwerk, sondern mit einem Flüstern aus der Tiefe.

- Stelle Fotos, Namen oder kleine Gegenstände deiner Verstorbenen auf, entzünde Kerzen und räuchere.
- Decke einen Platz am Tisch für einen Ahnen, teile eine Speise oder ein Getränk, vielleicht mit einer stillen Danksagung.
- Sprich in Gedanken mit einer verstorbenen Person. Teile mit ihr, was du fühlst, oder bitte um Rat. Du kannst auch um eine Antwort im Traum bitten.
- Notiere, was in diesem Jahr gegangen ist – und was du bewusst gehen lassen willst. Verbrenne den Zettel achtsam als Zeichen des Abschieds.
- Geh bewusst im Dunkeln – ganz ohne Ziel, nur mit dem Fokus auf dein Inneres. Spüre, wie die Dunkelheit dich trägt statt dich zu erschrecken.

sen Tagen näher sein als sonst. Der Tod ist kein Ende, sondern eine Schwelle. Wer sich darauf einlässt, erkennt: Er gehört zum Leben. Er macht es kostbar. Und er bringt Tiefe. Wenn wir den Mut haben, ihm in dieser Zeit bewusst zu begegnen – sei es im Gedenken an unsere Ahnen oder im Nachspüren dessen, was in uns sterben darf – dann finden wir darin Trost, Kraft und Orientierung.

In vielen modernen Ritualen entzünden wir Kerzen für unsere Verstorbenen, stellen Fotos oder Erinnerungsstücke auf einen kleinen Ahnenaltar, räuchern mit Kräutern wie Salbei, Beifuß oder Wacholder – denn Rauch galt schon immer als Nahrung für die Geister und als Brücke zwischen den Welten. Wir teilen symbolisch Speisen mit unseren Ahnen, lassen ihnen einen Platz am Tisch frei oder halten bewusst einen Moment der Stille.

Auch innerlich ist jetzt die Zeit gekommen, still zu werden: Bilanz zu ziehen, sich zurückzuziehen, nach innen zu lauschen. Es ist eine Einladung, innezuhalten und zu fragen:

Was darf nun sterben? Was hat ausgedient, was möchte ich loslassen? Welche Muster, Gedanken oder Rollen gehören nicht mehr zu mir? Was darf ruhen, damit es in einer neuen Form wiedergeboren werden kann?

LOSLASSEN, UM RAUM FÜR NEUES ZU SCHAFFEN

Samhain ist eine Schwellenzeit, die das Loslassen begünstigt und uns hilft, Raum für Neues entstehen zu lassen. Die Natur zeigt uns, wie es geht: Blätter fallen, Pflanzen ziehen sich in die Erde zurück. Auch wir dürfen nun Ballast abwerfen – Gedanken, Muster oder Verletzungen, die nicht mit ins neue Jahr genommen werden sollen. Loslassen bedeutet nicht zu vergessen, sondern bewusst Platz zu schaffen für Stille, Heilung und Wandlung.
Nutze ein einfaches und dennoch sehr kraftvolles Ritual, um dich von Belastendem zu trennen und Raum für neue Möglichkeiten zu schaffen.

So gehst du vor:
Zünde eine Kerze an und schaffe dir einen geschützten Raum. Atme tief durch und spüre in dich hinein: Was darf gehen? Was war schwer in diesem Jahr? Was passt nicht mehr zu dir?
Schreibe alles, was du loslassen möchtest, auf einen Zettel. Falte ihn, halte ihn kurz an dein Herz und sprich – laut oder in Gedanken:
Ich ehre, was war. Doch ich löse mich von dem, was mich bindet.

Verbrenne den Zettel achtsam in einer feuerfesten Schale oder vergrabe ihn in der Erde – dorthin, wo sich alles wandelt und neues Leben entsteht.
Wenn du den Zettel verbannt hast, sprich – laut oder in Gedanken:
Ich lasse los. Was gehen darf, geht.
Was bleiben will, bleibt in neuer Form.

RÄUCHERBÜNDEL „AHNEN“

Zu Samhain sind nicht nur die Schleier zur Anderswelt durchlässiger – in dieser Schwellenzeit ehren wir unsere Ahnen, verbinden uns mit ihren Geschichten, ihrer Weisheit – und dem Teil von ihnen, der in uns weiterlebt.
Ein selbst gebundenes Räucherbündel wird dabei zu einer kraftvollen Geste: Du vereinst Pflanzen, die dich stärken, schützen und die Verbindung zur geistigen Welt fördern, und opferst den Rauch als Zeichen der Dankbarkeit.

Du brauchst dafür:

- ganze Stängel von Beifuß (Schutz, Übergang), Salbei (Reinigung), Rosmarin (Ahnenkraft), Lavendel (Seelenfrieden), Wacholder (Schutz, Klärung), Eisenkraut (Schutz, Hellsicht) oder Ysop (Klarheit, Reinigung) und/oder Rindenstücke vom Schwarzen Holunder (Tor zur geistigen Welt)
- Naturgarn oder Baumwollfaden
- Schere

So gehst du vor:

1. Lege die Kräuter übereinander, die stärksten Stängel in die Mitte.
2. Binde sie unten zusammen und wickle den Faden spiralförmig nach oben und wieder zurück – fest, aber nicht zu straff. Beim Binden kannst du in Stille deinen Ahnen danken oder einen Wunsch mit jedem Kraut verknüpfen.
3. Hänge das Bündel für mindestens 1 Woche kopfüber zum Trocknen an einen luftigen, lichtgeschützten Ort.

Wenn dein Bündel getrocknet ist und du es räucherst, tue es achtsam – als Einladung an jene, die vor dir gingen, und als Zeichen deiner Dankbarkeit.

Herbstkräuter

Ich möchte dir drei wärmende Kräuter vorstellen – einfach, weil sie für mich aus der dunklen und kalten Jahreszeit nicht wegzudenken sind und uns Wärme schenken, wenn es draußen ungemütlich ist. Außerdem wirken alle drei wunderbar bei Erkältungskrankheiten.

Engelwurz, Angelika

Angelika (*Angelica*-Arten) schützt, reinigt, heilt, stärkt die Liebe, fördert Visionen und zieht das Glück an. Bei sich getragen zieht die Wurzel Sympathie an, als Badezusatz stärkt sie die Partnerschaft. Verräuchert öffnet sie für Ahnenbotschaften und schützt vor negativen Energien. Seelisch hilft sie, zur inneren Weisheit zu finden und ruhelose Suche im Außen zu beenden. Körperlich stärkt sie die Verdauung, die Atemwege und das Immunsystem. Achtung: Nicht in der Schwangerschaft anwenden!

Rosmarin

Rosmarin *(Rosmarinus officinalis)* schützt, reinigt, klärt Räume und stärkt die Liebe und den Mut. Als Räucherung oder als Badezusatz fördert er geistig die Klarheit und das Selbstvertrauen. Seelisch bringt er dich zurück in deine Kraft und hilft, alte Gedanken loszulassen. Körperlich wirkt er belebend, kreislauf- und verdauungsfördernd, hilft bei Erschöpfung, Erkältungen und äußerlich bei Muskelverspannungen und Erkältungen. Achtung: Nicht bei Bluthochdruck oder in der Schwangerschaft anwenden!

Thymian

Thymian (*Thymus*-Arten) schützt, reinigt, fördert die Heilung und zieht Erfolg und Wohlstand an. Er reinigt Räume energetisch und hilft bei Verhandlungen. Seelisch bringt er Klarheit, inneres Gleichgewicht, Selbstvertrauen und schützt vor seelischer Verletzung. Körperlich wirkt er schleimlösend, verdauungsfördernd, krampflösend und stärkt bei Erkältung, Nervenschwäche und Kreislaufschwäche. Achtung: Nicht für Babys und nicht länger als fünf Tage anwenden!

Weitere Pflanzen für Samhain

Pflanze	Wirkung	Thema
Baldrian (Wurzel) *Valeriana officinalis*	beruhigend bei nervösen Beschwerden, Schlafstörungen, Krämpfen, Verdauungsproblemen	Schutz, Abwehr, Anpassung, Gelassenheit
Fenchel (Samen) *Foeniculum vulgare*	wärmend, verdauungsfördernd, krampflösend	Fruchtbarkeit, Klarheit, Reinigung
Heidekraut *Erica carnea, Calluna vulgaris*	schleimlösend, harntreibend, bei Rheuma, Gicht, Durchfall	Glück, Visionen, Transformation, Selbstvertrauen
Rosskastanie *Aesculus hippocastanum*	Rinde verdauungsfördernd, Blüten äußerlich stärkend bei schweren Beinen und Venenschwäche	Liebe, Glück, Zuversicht, Vertrauen

EINE KLEINE PRISE MAGIE – KOCHEN MIT MAGISCHEN KRÄUTERN

Wie leicht es doch sein kann, dem Alltag einen Hauch von Magie zu verleihen! Verwandle das tägliche Kochen in ein bewusstes Ritual, indem du magische Kräuter nicht nur als Würze, sondern als Energiequelle nutzt. Viele heimische Heilpflanzen bereichern unsere Küche und lassen sich mit wenig Aufwand zu individuellen Mischungen verarbeiten.
Stelle eine Grundmischung aus getrockneten Kräutern her und verwende sie vielseitig – als Kräutersalz, Essig oder Würze für Suppen, Dips und Brotaufstriche. So würzt du dein Leben mit Magie!

- **Für mehr Harmonie in deinem Zuhause** kombiniere Rosenblüten, Basilikum, Rosmarin, Melisse, Dost und Thymian – sie fördern Ausgleich, Frieden und ein liebevolles Miteinander.

- **Willst du zwischenmenschliche Beziehungen stärken** – ob partnerschaftlich oder freundschaftlich –, nutze Rosenblüten, Lindenblüten, Veilchen, Gänseblümchen, Gundermann und Holunderblüten. Diese Pflanzen schenken emotionale Nähe, Verbindung und Schutz.

- **Für Glück, Wohlstand und neue Möglichkeiten** eignen sich Thymian, Lorbeer, Petersilie, Minze, Brennnessel, Schafgarbe, Rotklee, Ringelblume und Löwenzahn.

Element Erde – Bedeutung in Medizin und Magie

Ob im Garten, im Topf oder auf dem Balkon – das Dasein jeder Heilpflanze beginnt mit guter Erde. Doch Erde ist mehr als nur Substrat: Sie ist das Element der Beständigkeit, des Wachstums und der Heilung. In der Pflanzenmagie steht sie für Fruchtbarkeit, Sicherheit und Verbindung. In der Pflanzenheilkunde unterstützt das Element Erde den Körper, indem es ihn mit Mineralstoffen versorgt, ihm Stabilität schenkt und ein gesundes inneres Gleichgewicht fördert.

Heilende Erde

Wir kennen heute vor allem die Anwendung von Heilerde zur Reinigung und Entgiftung des Körpers, doch auch schon unsere Vorfahren nutzten einfache Erde, um Krankheiten vorzubeugen oder zu heilen. Um die allgemeine Wirksamkeit von Arzneimitteln zu erhöhen, wurden diese für mindestens einen Tag in der Erde vergraben. Um Krankheiten auszuleiten, war es üblich, den Erkrankten auf die Erde zu legen. Damit ein Neugeborenes sich gesund entwickeln konnte und um es vor Krankheiten zu schützen, legte man es gleich nach der Geburt auf die Erde. Waren bestimmte Körperglieder von einem Leiden betroffen, so wurde dieses für mehrere Stunden in die Erde eingegraben. Hatte man Schluckauf, so konnte man diesen loswerden, indem man ein Klümpchen Erde aß. Als besonders heilkräftig galt die Erde eines Grabes. Mit ihrer Hilfe konnten Krankheiten abgewehrt, Gichtanfälle gelindert und Warzen zum Verschwinden gebracht werden. Auf die Brust gelegt, hieß es, heile sie Herzleiden.

Magische Kräfte

Das Element Erde spielte auch in der Magie eine wichtige Rolle. Gegenstände erlangten Dauerhaftigkeit, indem sie auf die Erde gelegt wurden. So war es üblich, Pergament, Feder und Tinte auf die Erde zu legen und anschließend Urkunden damit zu verfassen. Wenn jemand in die Fremde ziehen musste, so war er vor Gefahren geschützt, wenn er etwas Heimaterde bei sich trug.

Legenden zu Herbstpflanzen

Der Herbst ist für viele Menschen eine besonders magische Zeit – das Licht scheint manchmal wie nicht von dieser Welt und die aufsteigenden Nebel verstärken diese Wahrnehmung. Daher möchte ich dir ein paar Legenden und Mythen über die Kräuter des Herbstes erzählen.

Der **Hopfen** war für unsere Vorfahren ein wichtiges Fruchtbarkeitssymbol, weshalb an einer Hochzeit die Brautleute mit Hopfen beworfen wurden. Sein starker Wuchs sollte Frauen helfen, schöne und lange Haare zu bekommen, indem sie ein paar Haare in eine Hopfenpflanze banden. So wie der Hopfen wuchs, so wuchsen auch die Haare. Er war auch ein Ernteanzeiger. So bedeuteten viele Hopfenzapfen im Herbst eine reiche Kornernte im nächsten Jahr.

Der **Rainfarn** mit seinen markanten, gelben Blütenköpfchen war schon bei unseren Vorfahren eine sehr wichtige und oft eingesetzte Schutzpflanze. So hingen Sträußchen an Tür und Tor oder es steckten Zweige in den Fenstern, um das Haus und die Bewohner vor übel gesinnten Wesen und vor allem vor Blitzschlag zu schützen. Bei einem Gewitter war es auch üblich, ein paar von den gelben Blütenköpfchen zum Schutz ins Herdfeuer zu werfen. Das getrocknete Kraut kam bei kleinen Kindern mit in die Wiege, damit ihnen keine Krankheiten und kein Unheil angezaubert werden konnte.

Zu Weihnachten oder Silvester orakelte man mit **Walnüssen**, indem zwei Nussschalenhälften in eine Schüssel mit Wasser gesetzt und einmal vorsichtig mit dem Finger das Wasser etwas in Bewegung gebracht wurde: Steuerten die beiden Schalenhälften aufeinander zu, so wurden zwei Liebende ein Paar, bewegten sie sich jedoch auseinander, wurde nichts aus der Liebe. Vor einer Hochzeit warf das künftige Brautpaar zwei Nüsse ins Feuer: Lagen diese still beieinander, so war eine harmonische Ehe zu erwarten. Knallten sie jedoch lautstark auseinander, bedeutete das kein Glück für die Liebenden. Ein alter Brauch zu Neujahr war es, 12 Nüsse zu essen: Waren alle gut, so galten die kommenden 12 Monate als Glück bringend.

Dem **Heidekraut** wurden dämonenabweisende Kräfte zugesprochen. Haus und Bewohner ließen sich vor Unheil bewahren, wenn ein Kranz aus Heidekraut um den Spiegel hing. Ein Sträußchen des Krautes an der Haustür zog das Glück an.

Die Zweige des **Birnbaums** galten im alten Volksglauben als zauberbrechend und deshalb wurden diese an Haus- und Stalltüre gehängt, um das Böse vor dem Eindringen zu hindern und die Bewohner vor Zauber zu schützen. Die Birne war – wie auch der Apfel – ein Symbol der Fruchtbarkeit. Sie symbolisiert das Weibliche, der Apfel das Männliche. So wurde das erste Badewasser eines Mädchens unter einem Birnbaum ausgeleert, das eines Jungen unter einem Apfelbaum.

Kapitel 5

WINTER

Die Themen des Winters sind:

Innere Einkehr – Komme zur Ruhe und richte deinen Blick nach innen.
Rückzug – Die innere Welt spielt jetzt eine größere Rolle als die äußere Welt.
Ruhe – Die Geräusche in der Natur verstummen und auch in deinem Leben darf es leiser werden.
Dunkelheit – Sie fordert dich auf, dich mit deiner dunklen Seite auseinanderzusetzen.
Stillstand – Das Jahresrad steht nun still und mit ihm die Natur.
Tod – Der Tod ist das Ende und der Anfang im ewigen Kreislauf des Lebens.
Transformation – Nichts geht verloren oder verschwindet für immer.
Hoffnung – Selbst auf die dunkelste Nacht folgt ein heller Tag.
Licht – Das Licht stirbt, um wiedergeboren zu werden.
Reinigung – Trete gereinigt in den neuen Zyklus ein.
Neuanfang – In der tiefsten Dunkelheit kannst du den Neuanfang wagen.

Was die Alten wussten

Der Winter ist die Zeit, in der die Natur und die Welt innehalten. Mit dem ersten Frost, der Gräser und Zweige in funkelnde Kristalle hüllt, und dem Schnee, der die Erde unter einem schützenden weißen Mantel begräbt, beginnt die Herrschaft der Kälte und der Dunkelheit. Die Sonne steht tief am Himmel, ihre Strahlen sind schwach und erinnern nur noch zaghaft an die Kraft und die Wärme des Sommers.

Nun ist die Zeit gekommen, in der wir uns zurückziehen – in unsere Häuser, aber auch in uns selbst.

In der Vorstellung unserer Vorfahren war der Winter nicht nur eine Jahreszeit, sondern eine Macht, die in Gestalt des Todes über das Land herrschte. Er brachte nicht nur Kälte, sondern auch Hunger und Krankheit. Im Volksglauben wurde er oft als bleicher, knochiger Mann mit Sense dargestellt, der alles Leben in Schlaf und Starre zwang. Manchmal war er auch eine alte Frau, deren eisiger Atem Flüsse zufrieren ließ und deren Schritte Spuren aus Schnee hinterließen.

Doch gerade in dieser dunklen Zeit wurde der **Seelenkult** gepflegt. Man glaubte, dass die Geister der Ahnen den Menschen in den langen Nächten besonders nah waren. In manchen Gegenden stellte man Speisen auf Fensterbänke oder ließ das Herdfeuer über Nacht brennen, damit die Verstorbenen Wärme und Nahrung finden konnten. Das Gedenken an die Ahnen war eng mit der Hoffnung verbunden, von ihnen Schutz und Segen für das neue Jahr zu erhalten.

Gleichzeitig suchte man Wege, den Winter zu vertreiben. In vielen Regionen Mitteleuropas gab es Bräuche, bei denen lärmende Umzüge mit Peitschenknallen, Schellen und Trommeln durch die Dörfer zogen. Maskierte Gestalten – halb Mensch, halb Tier – verkörperten die Mächte der Kälte und des Todes und wurden symbolisch aus dem Dorf gejagt. Diese **„Winteraustreibungen“** sollten nicht nur den Frühling herbeirufen, sondern auch alles Böse bannen, das sich in den dunklen Monaten angesammelt hatte.

Der mit dem Winter einhergehende Schnee wurde dennoch nicht nur gefürchtet, sondern auch

als schützende Decke gesehen, unter der das Leben im Verborgenen weiterbestand. So wie die Samen im Dunkel der Erde ruhen, so sollten auch wir Menschen im Winter Kraft sammeln für das kommende Jahr. Und wie der Schnee mit seiner Reinheit die Spuren des Vergangenen zudeckt, so konnte auch unsere Seele in dieser Zeit von Altem gereinigt werden.

Der Winter erinnert uns daran, dass Ruhe und Stille nicht Stillstand bedeuten, sondern **verborgenes Werden** beinhalten. Auch wenn wir die wachsende Kraft des Lebens anfangs nicht sehen können, nimmt sie mit jedem Tag zu. So ist es auch in unserem Leben: Nach einer Zeit der Kälte und Dunkelheit kehren Wärme und Freude zurück. Wir müssen nur die Geduld haben, dem Leben zu vertrauen.

Jahreskreisfest Jul – Die Wiedergeburt des Lichtes

Jul, die Wintersonnenwende am 21. Dezember, ist das Fest der längsten Nacht im Jahr. Die Sonne hat ihre Bahn im Jahreskreis vollendet und steht nun am dunkelsten Punkt. Diese Nacht erinnert uns an die Vergänglichkeit – und zugleich an die Hoffnung auf die Wiederkehr des Lichts. Nach der tiefsten Dunkelheit wird der Sonnengott wiedergeboren, und mit ihm beginnt ein neuer Zyklus des Werdens und Vergehens. Unsere Vorfahren sahen darin den Sieg des Lichtes über die Dunkelheit, den Sieg des Lebens über den Tod.

In der Natur herrscht nun **tiefe Stille**. Schnee und Eis bedecken die Landschaft wie ein schützender Mantel. Die Bäume stehen kahl, die Felder ruhen, und das Leben scheint in den Schoß der Erde zurückgekehrt zu sein. Doch unter der Oberfläche schlummert bereits der Keim des Neuen. Auch wenn die Sonne noch schwach am Himmel steht, ist der Wendepunkt erreicht. Von nun an werden die Tage wieder länger.

Bräuche zur Wintersonnenwende

Jul ist reich an Symbolen des Lebens und der Hoffnung. Immergrüne Pflanzen wie Mistel, Efeu, Tanne und Fichte wurden ins Haus geholt als Zeichen für ewiges Leben, Fruchtbarkeit und Gesundheit. Zu Ehren der Percht oder Frau Holle, die in dieser Zeit mit ihrer wilden Jagd durch die Nächte zieht, band man Zweige dieser Nadelbäume zu Bündeln und hängte sie auf – auch um die Percht gütig zu stimmen. Dieser Brauch lebt bis heute in Form von Weihnachtskränzen und -bäumen fort. Der grünc Kranz symbolisierte einst das Jahresrad oder Rad des Lebens. Er wurde eine Mondphase vor Jul gebunden, mit vier oder fünf Kerzen versehen und nach einem bestimmten Rhythmus heruntergebrannt, bis zur Sonnenwende nur noch Dunkelheit herrschte –, um dann die mittlere Kerze als Zeichen der Lichtgeburt neu zu entzünden.

Ein zu Jul gebackenes **Brot** wurde in so viele Teile geschnitten, wie Menschen im Haus lebten und bis Fastnacht in einer Truhe aufbewahrt. An Fastnacht

erhielt jeder sein Stück zurück, denn der Verzehr galt als Schutz für die Gesundheit im kommenden Jahr.

Ein weiterer Brauch war der Julbock: ein großes Holzstück, das zur Wintersonnenwende ins Herdfeuer gelegt, aber vor dem vollständigen Abbrennen wieder herausgenommen wurde. Unter dem Jahr nutzte man es zum Schutz vor Blitzschlag, Stücke davon zur Fruchtbarmachung der Felder oder zur Herstellung besonders wirksamer Heilmittel.

Jul ist nicht nur ein Fest des äußeren, sondern auch des **inneren Wandels**. Es lädt dich ein, innezuhalten und auf das zu blicken, was in dir sterben darf, damit Neues entstehen kann. Frage dich: Wo fehlt mir das Vertrauen – in mich, in andere, ins Leben? Wo wünsche ich mir Hoffnung und Zuversicht zurück? Was darf ich loslassen, um frei zu werden für das, was kommen will?

Manches verändert sich still und unsichtbar, so wie auch die wachsende Kraft des Lichtes nach Jul erst nach einiger Zeit spürbar wird. Die Botschaft dieses Festes ist klar:

Nach jeder Nacht folgt ein Tag, nach jeder Krise eine neue Blütezeit. Vertraue darauf, dass das Leben weiterfließt – manchmal leise, manchmal stürmisch, aber immer in Bewegung.

KLEINE IMPULSE ZUM FEST

- Binde einen immergrünen Kranz oder schmücke dein Zuhause mit Tannenzweigen, Misteln oder Efeu.
- Entzünde in der längsten Nacht eine Kerze und sprich dabei einen Wunsch oder ein Gebet für das kommende Jahr aus.
- Schreibe auf, was du loslassen möchtest, und verbrenne den Zettel – die Asche kannst du in fließendes Wasser geben.
- Lege ein kleines Opfer aus Brot, Körnern oder Milch in die Natur als Dank und Bitte um Segen.
- Gestalte einen Platz der Stille in deinem Zuhause, an den du dich zurückziehen und neue Kraft sammeln kannst.

WINTERLICHER KRÄUTERTEE

Die Kälte des Winters macht uns besonders anfällig für Erkältungen. Der Mangel an Sonnenlicht und die kalte Luft fordern unser Immunsystem heraus. Deshalb ist es wichtig, sich nicht nur warm einzupacken, sondern sich auch regelmäßig an der frischen Luft zu bewegen. Kurze Spaziergänge stärken die Abwehrkräfte und bringen den Kreislauf in Schwung.
Unterstützend kann ein wärmender Kräutertee wirken, der Körper und Seele gleichermaßen guttut.

Für eine solche Mischung eignen sich wärmende Pflanzen:
- Beifuß (Blätter – nicht in der Schwangerschaft verwenden!)
- Linde (Blüten)
- Holunder (Blüten)
- Apfel (Schale)
- Schafgarbe (blühendes Kraut)

Wenn sich bereits Husten und Schnupfen bemerkbar machen, kannst du zusätzlich diese Kräuter mit in die Mischung geben:
- **Salbeiblätter** – beruhigend bei Halsbeschwerden
- **Thymiankraut** – schleimlösend und wärmend
- **Dostkraut** – stärkend und hilfreich bei Erkältungssymptomen

So gehst du vor:
Mische die getrockneten Kräuter zu gleichen Teilen. Übergieße 1 bis 2 Teelöffel davon mit einer Tasse kochendem Wasser und lasse den Aufguss 5 bis 7 Minuten zugedeckt ziehen, damit die wertvollen ätherischen Öle erhalten bleiben. Seihe die Kräuter ab und trinke den Tee so warm wie möglich in kleinen Schlucken. Nach Belieben kannst du ihn mit einem Löffel Honig süßen – er verstärkt die wärmende und wohltuende Wirkung.

KRÄUTER-MEDITATION FÜR DIE STILLE WINTERZEIT

Der Winter lädt uns ein, still zu werden und die Aufmerksamkeit nach innen zu richten. Wähle für diese Meditation eine oder mehrere getrocknete Kräuter, zu denen du dich hingezogen fühlst – vielleicht Thymian für Wärme, Salbei für Klarheit oder Holunderblüten für Schutz und inneren Ausgleich.

Setze dich an einen ruhigen, ungestörten Ort. Zünde eine Kerze an und lege die Kräuter vor dich.
Schließe die Augen und atme einige Male tief ein und aus. Spüre, wie sich mit jedem Atemzug Ruhe in deinem Körper ausbreitet. Nimm nun die Kräuter in deine Hände. Fühle ihre Beschaffenheit, ihren Duft, ihre Energie. Stell dir vor, wie ihre Heilkraft als sanftes, warmes Licht in deine Hände strömt. Mit jedem Einatmen nimmst du dieses Licht in dich auf – es erfüllt dich mit Wärme, Geborgenheit und Kraft. Mit jedem Ausatmen lässt du Anspannung, Sorgen und die Kälte des Winters los. Erlaube dir, für einen Moment alles Äußere hinter dir zu lassen und ganz im geschützten Raum der Kräuter anzukommen.
Bleibe einige Minuten in dieser Verbindung. Wenn du bereit bist, bedanke dich still bei den Kräutern für ihre Unterstützung.
Öffne langsam die Augen, nimm die Wärme der Kerze wahr und spüre nach, wie dich die Energie der Pflanzen behutsam in den Alltag zurückbegleitet.

Geschenkideen mit Heilpflanzen

Heilpflanzen sind kleine Schätze der Natur – voller Kraft, Duft und Farbe. Sie bereichern nicht nur unseren Alltag, sondern eignen sich auch wunderbar, um liebe Menschen mit etwas ganz Persönlichem zu beschenken.

BADESALZ „KLEINE AUSZEIT"

Ein duftendes Bad schenkt Wärme und Entspannung – ideal, um dem Alltag kurz zu entfliehen.

Du brauchst dafür:

- Totes-Meer-Salz
- Auswahl getrockneter Blüten von Lavendel, Rose, Kamille, Ringelblume, Linde, Rotklee, Holunder, Hopfen sowie Blätter von Melisse, Minze, Frauenmantel
- optional: ätherische Öle wie Lavendel, Orange, Ylang Ylang
- dekoratives Glas
- Etikett
- optional: Stück Stoff und Kordel

So gehst du vor:
Fülle das Glas zur Hälfte mit Salz, gib auf Wunsch einige Tropfen ätherisches Öl dazu. Dann kommen die getrockneten Blüten und Kräuter hinzu. Für die Optik: Ein Stück Stoff über den Deckel legen und mit einer Kordel fixieren.

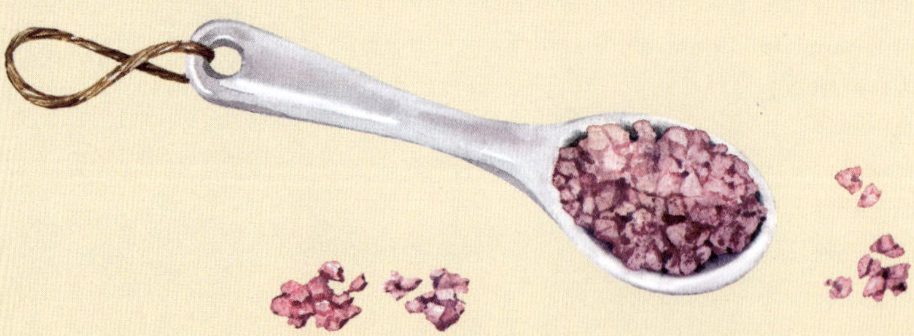

DUFTKISSEN FÜR SÜSSE TRÄUME

Ein kleines Kissen mit beruhigendem Duft kann wahre Wunder für einen erholsamen Schlaf bewirken.

Du brauchst dafür:

- Baumwollsäckchen oder 2 Stoffstücke à 15 × 15 cm
- getrocknete Kräuter wie Lavendel, Melisse, Hopfen, Waldmeister oder Kamille
- optional: zusätzliches Füllmaterial wie Baumwollwatte oder Schafwolle

So gehst du vor:

Nähe aus dem Stoff ein Kissen und lasse eine kleine Öffnung. Fülle die Kräuter hinein – eventuell mit etwas Füllmaterial – und schließe die Naht. Alternativ: Die Kräuter ins Säckchen geben und mit der Kordel zubinden. Aufs Kopfkissen legen – und tief durchatmen. Wenn der Duft nachlässt, einfach das Kissen kurz durchkneten.

KRÄUTER-ESSIG & KRÄUTER-ÖL

Ein kulinarisches Geschenk mit feinem Aroma, welches auch noch hübsch anzusehen ist. Wunderbar geeignet zum Verfeinern von Salaten oder zum Marinieren von Fleisch und Gemüse.

Du brauchst dafür:

- getrocknete Kräuter wie Thymian, Rosmarin, Dill, Majoran, optional: Chili oder Pfefferkörner
- hochwertiges Pflanzenöl oder Weißweinessig
- hübsche Glasflasche mit Verschluss
- Etikett

So gehst du vor:

Gib die Kräuter in die saubere Flasche und gieße mit Öl oder Essig auf, verschließe die Flasche gut. Die Kräuter dürfen ruhig in der Flüssigkeit bleiben – sie sehen hübsch aus und geben langsam ihr Aroma ab.

Winterpflanzen

Gerade zur Weihnachtszeit spielen diese drei Pflanzen eine wichtige Rolle – ob der Kuss unter dem Mistelzweig, die geschmückte Fichte in der guten Stube oder der Wacholder zum Räuchern in den Raunächten – lasse uns gemeinsam schauen, was die drei noch so alles können.

Mistel

Die Mistel *(Viscum album)* steht für Schutz, Transformation, Glück, Fruchtbarkeit und Visionen. Sie hilft in Ritualen, bei Divination (Wahrsagekunst) und fördert hellsichtige Träume. Ihre Seelenkraft bringt Ausgleich, Loslösung und Klarheit bei Entscheidungen. Als Schwellenpflanze unterstützt sie – verräuchert oder bei sich getragen – Übergänge und schützt vor negativen Energien. Medizinisch wirkt sie hormonregulierend, kreislaufstärkend, beruhigend, entgiftend und immunstärkend. Innerlich darf sie nur als Kaltansatz angewendet werden.

Fichte

Die Fichte *(Picea abies)* schützt vor negativen Energien, hilft bei der Divination und fördert Visionen. Ihr Rauch klärt innere Bilder. Seelisch schenkt sie Geborgenheit, Ruhe und Orientierung – besonders in Krisenzeiten. Räucherungen stärken die Selbstliebe und schenken Trost. Medizinisch wirken Triebspitzen und Harz schleimlösend, blutreinigend und stärkend – als Tee, Sirup, Tinktur oder Badezusatz. Das Harz kann gekaut oder als Kaugummi genutzt werden.

Wacholder

Der Wacholder *(Juniperus communis)* schützt, reinigt, heilt und unterstützt Visionen. Beeren oder Nadeln helfen als Talisman, in Ritualen oder Räucherungen. Sein Rauch klärt Träume und stärkt bei Rückführungen. Seelisch schenkt er Ruhe, Überblick und Vertrauen in den Lebensweg. Er hilft bei Überforderung und bringt Gelassenheit. Medizinisch wirken Beeren verdauungsfördernd, harntreibend und anregend. Als Tinktur lindern Beeren und Nadeln Gelenkschmerzen. Hinweis: Nicht bei Nierenschwäche oder in der Schwangerschaft anwenden!

Weitere Winterpflanzen

Pflanze	Wirkung	Thema
Kiefer *Pinus*-Arten	schleimlösend, entzündungshemmend, antibakteriell; bei Erkältung und Rheuma	Heilung, Schutz, Licht und Zuversicht
Lorbeer *Laurus nobilis*	verdauungsfördernd, kreislaufanregend, krampflösend	Visionen, Klarheit, Schutz
Schlehe (Beeren) *Prunus spinosa*	Immunsystem stärkend	Abwehr, Schutz, Transformation
Stechpalme (nur Blätter) *Ilex aquifolium*	stoffwechselanregend, verdauungsfördernd	Glück, Fruchtbarkeit, Lebenskraft, Mut, Stärke

Raunächte – Wenn das Jahresrad stillsteht

Mit der Wintersonnenwende beginnt die Zeit „zwischen den Jahren". In der früheren Zeitrechnung waren sowohl die Mondphasen als auch der Sonnenlauf der Anhaltspunkt, wie lang ein Jahr dauerte. Geht man nach der Berechnung der Mond-Monate, fehlen am Ende des Jahres zwölf Tage oder besser gesagt elf Tage und zwölf Nächte. Das Jahresrad hat aufgehört, sich zu drehen; es wird in dieser Zeitspanne stillstehen. Die Raunächte beginnen und damit folgt ein Abschnitt, in dem sämtliche Gesetze außer Kraft treten. Die Percht (oder Holle), die Göttin der Unterwelt ist nun mit ihrer wilden Jagd in unserer Welt unterwegs und wir Menschen sollten ihr besser nicht in die Quere kommen. Wie das Jahresrad, sollten auch alle anderen Räder in dieser Zeit stillstehen. Es durfte daher nicht gesponnen und auch nicht gewaschen werden. Die Wäscheleine im Freien musste leer bleiben, damit sich keine andersweltlichen Wesen darin verfangen konnten. Es ist eine besondere Periode: außerhalb der Normalität, mit viel dünneren Schleiern, die auch einen Blick in die Zukunft zulassen können. Daher eignen sich die zwölf Nächte besonders gut für Orakel. Lege Karten oder werfe Runen. Achte in dieser Zeit besonders auf die Menschen, denen du begegnest, auf plötzlich in dir auftauchende Gedanken, aber auch auf deine Träume. Alles könnte dir einen Hinweis auf Geschehnisse im kommenden Jahr liefern.

Zeit der inneren Einkehr

Auf der spirituellen Ebene sind die Raunächte eine sehr kostbare Zeit. Lasse dein vergangenes Jahr noch einmal Revue passieren und nimm in Dankbarkeit Abschied von allem, was dir nicht mehr dienlich ist. Frage dich, was dich im letzten Jahr weitergebracht und was dir Freude bereitet hat.

- Konntest du das tun, was du wolltest? Hast du dein Leben selbst bestimmt oder hast du getan, was von dir verlangt wurde?
- Für was bist du dankbar?
- Welche Menschen bereichern dein Leben und welche stellen eine Belastung für dich dar? Wem solltest du verzeihen?
- Achtest du auf deine Intuition oder lässt du dich von außen beeinflussen?
- Schenkst du dir selbst genug Aufmerksamkeit? Lebst du deine Stärken?
- Was engt dich ein? Was möchtest du ändern?
- Was brauchst du, um glücklich zu sein?
- Welche Herzensziele hast du erreicht und welche Herzensziele gibt es für das kommende Jahr?

- Muss noch etwas aus dem alten Jahr bereinigt werden?
- Stelle für dich klar, was du in das Neue mitnehmen möchtest und was dieses kommende Jahr für dich bringen soll. Die Zeit zwischen den Jahren soll vor allem eine Zeit der Ruhe und Besinnung sein. Lasse dich intuitiv von deinen Gefühlen leiten und mache es genauso, wie du es für richtig hältst! Vielleicht möchtest du dich auch gar nicht mit den vorher aufgeführten Fragen auseinandersetzen, sondern einfach die Zeit in Stille genießen.

Räucherwerk für die Raunächte

Keine andere Zeit des Jahres ist so sehr mit dem Räuchern verbunden wie die Zeit der Raunächte. Traditionell wurden in dieser Zeit das Haus und der Stall ausgeräuchert, um das „Schlechte" zu vertreiben und vor Krankheiten zu schützen. Die unten aufgeführten Pflanzen unterstützen dich in der magischen Zeit zwischen den Jahren.

Räucherpflanzen

Pflanze	Teil	Wirkung	Anwendung
Beifuß *Artemisia vulgaris*	Blätter	schützend, reinigend	Eine der wichtigsten Pflanzen der Raunächte. Sie klärt Räume, vertreibt Fremdenergien und begleitet Übergänge – ideal zur energetischen Hausreinigung und zur Vorbereitung auf Neues.
Eisenkraut *Verbena officinalis*	Kraut	magisch, bewusstseinserweiternd, visionsfördernd	Unterstützt bei Ritualen und Orakelarbeit, fördert Intuition und klare Träume. Es öffnet den Geist für Botschaften aus der geistigen Welt.
Johanniskraut *Hypericum perforatum*	Kraut	lichtbringend, stimmungsaufhellend, seelenschützend	Bringt Sonne ins Herz und vertreibt innere Dunkelheit. Besonders hilfreich bei emotionaler Schwere, Ängsten und zur Stärkung der Lebensfreude.
Wacholder *Juniperus communis*	Nadeln, Holz, Beeren	reinigend, schützend, klärend	Vertreibt dunkle Energien, stärkt die Aura und wirkt wie ein energetisches Schutzschild. Ideal zur Raum- und Aurareinigung.

Imbolc – Der Neubeginn im Rad des Jahres

Wenn der Februar in greifbare Nähe rückt, beginnt sich die Welt langsam aus der starren Umarmung von Kälte und Dunkelheit zu lösen. Die Tage werden länger, das Licht kehrt fühlbar zurück – zart, aber unaufhaltsam. Es ist die Zeit von Imbolc, dem keltischen Fest des wiederkehrenden Lichts, das traditionell am 1. Februar oder zum zweiten Vollmond nach der Wintersonnenwende gefeiert wird.

Auch wenn die Erde noch ruht, beginnt unter ihrer Oberfläche das Leben bereits zu pulsieren. Die Säfte steigen in den Bäumen, das erste Grün zeigt sich an geschützten Stellen und auch in uns Menschen regen sich Tatendrang und Kreativität.

Mythologie und alte Bräuche

Imbolc ist der Göttin Brigid geweiht – einer der bedeutendsten Gestalten der keltischen Mythologie. Sie ist die weiße, jungfräuliche Göttin, Hüterin des Herdfeuers, Schutzpatronin der Dichter, Heilerinnen, Hebammen und Schmiede. In ihr vereinen sich Licht, Inspiration und schöpferische Kraft. Als Bringerin des neuen Lebens steht sie symbolisch für alles, was nun erwachen will – außen wie innen.

Imbolc lädt dazu ein, das Alte hinter sich zu lassen und Platz für das Neue zu schaffen.

In alter Zeit galt dieses Fest als besonders geeignet, um Verträge zu schließen, Neues zu beginnen und Entscheidungen zu treffen. Auch im Alltag wurde dies sichtbar: Häuser wurden mit Birkenbesen ausgefegt, um symbolisch die Dunkelheit, Trägheit und alten Ballast zu vertreiben. Die Birke, als Baum des Neubeginns, spielt hier eine wichtige Rolle – ebenso wie das Feuer.

Schöne Tradition: das Kerzenweihen

An Imbolc kannst du deine Kerzen für das kommende Jahr vorbereiten. Nutze dazu einfache weiße Kerzen. Schwenke sie über dem Rauch reinigender und erneuernder Kräuter wie Salbei, Birke und Gänseblümchen. Dabei kannst du still oder laut aussprechen, welchem Zweck die jeweilige Kerze dienen soll – zum Beispiel für Schutz, Heilung, Dank, Trost oder Visionen. Du kannst auch Kerzen segnen für liebe Menschen oder für deine Rituale im Jahreskreis.

Zeit für einen Neuanfang

Spirituell betrachtet ist Imbolc ein Fest der Hoffnung, der Klarheit und der inneren Neuausrichtung. Es eignet sich wunderbar für Reflexion, Reinigung und das Setzen erster zarter Absichten. Die Samen des neuen Jahres sind gesät – nun ist es an der Zeit, sich innerlich auf das kommende Wachstum vorzubereiten. Nimm dir Zeit, um dich folgenden Fragen zu widmen – in Stille, beim Schreiben, bei einer Tasse Tee oder während eines Rituals:

- ✦ Was darf ich nun hinter mir lassen?
- ✦ Welche alten Gedanken, Muster oder Ängste engen mich ein?
- ✦ Was möchte durch mich in diesem Jahr neu entstehen?
- ✦ Welche Qualitäten dürfen in mir wachsen?
- ✦ Was ist mein inneres Licht – durch was wird es genährt?
- ✦ Wo in meinem Leben wünsche ich mir mehr Klarheit?
- ✦ Welchen Ideen und Impulsen möchte ich Raum geben?
- ✦ Was ist mein erster kleiner Schritt?

IMPULSE FÜR DEIN IMBOLC-FEST

- Reinige deinen Raum oder Altar symbolisch mit Rauch, Klang oder dem Besen.
- Segne deine Kerzen für das neue Jahr mit persönlichen Intentionen und lade sie in erneuerndem Rauch auf.
- Schreibe auf, was du loslassen und was du neu in dein Leben einladen möchtest.
- Spüre bewusst dein inneres Feuer – was beginnt in dir zu leuchten?
- Gestalte ein kleines Licht-Ritual, zum Beispiel indem du in der Dunkelheit eine Kerze entzündest – als Zeichen für deinen Neuanfang.

Imbolc erinnert uns daran, dass jeder Neuanfang im Stillen beginnt – im Innersten, wo das erste Licht geboren wird. Es muss nicht laut oder sichtbar sein. Es reicht aus, dass du es in dir fühlen kannst.

BRIGID-TEE

Anfang Februar, rund um Imbolc, beginnt das Licht langsam, aber schon deutlich spürbar zurückzukehren. Noch ist der Winter sehr präsent, doch unter der Oberfläche regt sich neues Leben – auch in uns. Diese besondere Zeit im Jahreskreis lädt dazu ein, innerlich aufzuräumen, loszulassen und uns neu auszurichten. Ein achtsam zubereiteter Kräutertee kann dich in dieser Übergangsphase stärken, klären und sanft auf das Kommende einstimmen. Pflanzen wie **Gänseblümchen, Ehrenpreis, Weiße Taubnessel, Brennnessel, Giersch, Schafgarbe, Haselnuss** und **Birke** bringen genau diese Qualitäten mit – sie wirken reinigend, lichtvoll, stärkend, erneuernd und aufbauend.

So gehst du vor:
Wähle intuitiv fünf dieser getrockneten Pflanzen und gib je einen Esslöffel davon in eine große Schüssel. Mische die Kräuter mit Achtsamkeit und fülle sie in ein gut verschließbares Gefäß. Für eine Tasse Tee nimmst du 1 bis 2 Teelöffel der Mischung, übergießt sie mit heißem Wasser und lässt den Aufguss 7 bis 10 Minuten ziehen.
Dieser Tee verbindet dich mit der sanften Kraft des wiederkehrenden Lichts. Er begleitet dich auf deinem Weg der inneren Klärung, weckt neue Lebensgeister und hilft dir, dich mit frischer Energie und Zuversicht auszurichten – auf das, was neu wachsen will.

RÄUCHERWERK „NEUANFANG"

Der beginnende Jahreskreis – ob im zeitigen Frühjahr, rund um Imbolc oder in Momenten innerer Wandlung – lädt uns dazu ein, Altes loszulassen und Platz für Neues zu schaffen. Es ist eine Zeit der Klärung, der leisen Ausrichtung und der frischen Impulse.
Nutze diese besondere Phase für dein persönliches Ritual des Neubeginns – mit einer Räuchermischung, die dich sanft begleitet, reinigt und erfrischt.

Für die Mischung brauchst du zu gleichen Teilen:

- Salbeiblätter
- Birkenblätter
- Heidekraut
- Minzblätter
- Gänseblümchenblüten

So gehst du vor:
Mische die getrockneten Zutaten in einer Schale mit Achtsamkeit und gib deine Intention hinein. Verwende die Mischung auf Kohle oder auf dem Räucherstövchen – zum Beispiel morgens zur Klärung des Tages, bei Übergängen oder wenn du neue Wege beschreiten möchtest.
Diese Mischung wirkt reinigend, erfrischend und sanft belebend. Sie stärkt dein Energiefeld, klärt den Geist und schenkt innere Aufrichtung.
Besonders gut geeignet ist sie auch für Rituale zur Neuorientierung, zum Jahresanfang oder bei Neubeginn in deinem Leben.

Weitere passende Pflanzen für den Neuanfang:

- Ehrenpreis
- Gundermann
- Eisenkraut
- Löwenzahn
- Engelwurz
- Schafgarbe

Finde heraus, welche Pflanzen dich in dieser Zeit besonders ansprechen – und lasse dich von ihrer Kraft durch deine Wandlung begleiten.

Pflanzen für Imbolc

Ganz zaghaft und noch kaum sichtbar erwacht die Natur zu neuem Leben. Die Pflanzenwelt hat noch nicht viel zu bieten – die meisten befinden sich noch im Winterschlaf. Doch einige grüne Wesen spitzen bereits neugierig aus der Erde oder brechen aus dem Holz der Bäume hervor.

Vogelmiere

In der Kräutermagie steht die Vogelmiere für die Themen Schutz, Heilung, Erfolg und Wohlstand sowie für Visionen. Sie wirkt wie ein innerer Kompass, hält dich auf deinem Lebensweg, schenkt Selbstvertrauen und stärkt die Intuition. In der Volksheilkunde wirkt Vogelmierenkraut entzündungshemmend, auswurffördernd, stärkend und kühlend. Ein Tee daraus kann bei hartnäckigem Husten wie Reizhusten und Keuchhusten sowie bei Bronchitis getrunken werden.

Giersch

Giersch hilft, Ballast loszulassen, neue Kraft zu schöpfen und deinen eigenen Weg zu gehen. Er unterstützt dabei, dich aus inneren Verstrickungen zu lösen und neue Wege zu gehen. Magisch stärkt er Klarheit und Durchsetzungskraft, zum Beispiel als Talisman oder Räucherkraut. Seelisch wirkt er klärend, erdend und ermutigend – besonders, wenn dich Sorgen überwuchern. Heilkundlich unterstützt er als Tee oder Tinktur bei Gicht, Rheuma und Frühjahrsmüdigkeit, wirkt ausleitend und entzündungshemmend.

Hasel

Der Haselstrauch wirkt magisch schützend, fruchtbarkeitsfördernd und unterstützt Liebeszauber sowie Orakelarbeit. Seelisch hilft er, negative Gedanken zu erkennen und dich ins Gleichgewicht zu bringen. Verräuchert schützt er vor fremden Energien, stärkt die innere Ausrichtung und fördert Lebensfreude. Heilkundlich wirken Haselkätzchen als Tee oder Tinktur fiebersenkend und schweißtreibend, die Rinde als Badezusatz oder Auflagen entzündungshemmend.

Jetzt sammeln und verarbeiten

Pflanze	Wirkung	Thema
Buche *Fagus*	adstringierend, hautberuhigend, fiebersenkend	Klarheit, Schutz, Weisheit, Stabilität, Fokus, Abgrenzung
Efeu *Hedera helix*	entzündungshemmend – nur äußerlich anwenden!	Schutz, innere Weisheit, Ahnenkontakt, Loslassen, Abgrenzung
Knoblauchsrauke *Alliaria petiolata*	schleimlösend, leberanregend, verdauungsfördernd, wundheilend	Schutz, Wahrheit, Kommunikation, Reinigung, Klarheit
Sauerklee *Oxalis acetosella*	fiebersenkend, harntreibend, appetitanregend, mild abführend – nur wenig verwenden!	Glück, Herzensöffnung, Leichtigkeit, Freude, Loslassen
Scharbockskraut *Ranunculus ficaria*	blutreinigend, Vitamin-C-haltig – nur vor der Blüte ernten!	Neubeginn, Fruchtbarkeit, Lichtkraft, Lebensfreude, Antrieb, Hoffnung

RITUAL-ÖL „NEUANFANG"

Gerade zu Schwellenzeiten wie Imbolc oder bei einem Neubeginn in deinem Leben – neue Arbeit, Wohnung, Beziehung, Gewohnheiten –, kann ein einfach hergestelltes Ritual-Öl dich dabei unterstützen, Altes loszulassen und dich für das Neue zu öffnen. Du kannst es als Kerzenöl verwenden, zur Salbung deiner Hände vor einem Ritual oder von Gegenständen, die du neu weihen möchtest. Auch für kleine Segnungsrituale ist es wunderbar geeignet.

Du brauchst dafür:

- Pflanzenöl (z. B. Sonnenblume, Mandel)
- zu gleichen Teilen getrocknete Blätter oder Blüten von: Salbei, Minze, Heidekraut, Gänseblümchen, Birke, Eiche, Weißdorn
- optional: 3 Tropfen ätherisches Öl von Minze oder Salbei

So gehst du vor:

Gib die getrockneten Pflanzen in ein helles Schraubglas und übergieße sie mit dem Öl. Stelle das Glas für etwa 4 Wochen an einen hellen, nicht zu sonnigen Ort und schwenke es täglich. Danach durch ein feines Sieb abseihen und in eine dunkle Flasche füllen.

Wenn du möchtest, kannst du dein Öl mit einem Ritual segnen oder mit einem Wunsch versehen. Beschrifte es liebevoll und nutze es immer dann, wenn du dich fürs Neue stärken möchtest.

Ein paar Tropfen davon reichen aus, um das Neue in deinem Leben willkommen zu heißen.

RITUAL-BADESALZ „REINIGUNG"

Ein rituelles Reinigungsbad kann dir helfen, dich von fremden, schweren Energien, belastenden Gedanken und emotionalem Ballast zu befreien. Besonders nach intensiven Zeiten, vor einem Neubeginn oder wenn du dich einfach innerlich klären möchtest, ist ein solches Bad eine kraftvolle Unterstützung. Es schafft Raum für neue Energie, bringt dich in deine Mitte und verbindet dich wieder mit deinem inneren Licht. Nimm dir bewusst Zeit für dieses Ritual.

Du brauchst dafür:

- Totes-Meer-Salz
- zu gleichen Teilen getrocknete Blätter oder Blüten von: Salbei, Rosmarin, Lavendel, Schafgarbe, Königskerze sowie Wacholderbeeren
- optional: ätherisches Salbei-, Wacholder- oder Rosmarinöl

So gehst du vor:

Mische die Kräuter gründlich in einer Schale. Gib die gleiche Menge Totes-Meer-Salz dazu und rühre das Gemisch kräftig durch. Du kannst das Badesalz direkt so verwenden oder portionsweise in kleine Stoffsäckchen füllen, damit die Pflanzenrückstände nicht im Wasser treiben. Gib die Mischung direkt ins einlaufende Badewasser oder hänge das Säckchen an den Wasserhahn. Lasse dich – vielleicht bei Kerzenlicht – mindestens 20 Minuten im Wasser treiben und stell dir dabei vor, wie alles Belastende von dir abfällt. Danach nicht abduschen, sondern das Salz auf der Haut wirken lassen und dich warm einhüllen.

Legenden zu Winterkräutern

Der Winter ist die traditionelle Zeit, um Mythen und Legenden weiterzugeben und den Geschichten unserer Ahnen zu lauschen. Nimm dir etwas Zeit und erfahre, was die Alten über die heimischen Winterpflanzen zu berichten haben.

Als äußerst zauberwidrig galt der **Wacholder** bei unseren Vorfahren. So nutzen ihn schon die Germanen als Räucherungen für Schutz und Reinigung, und in ihren Feuerbestattungen war er Bestandteil des Feuerholzes. Mit dem Rauch des Wacholders sollten die Seelen geschützt und gereinigt ihren Weg ins Jenseits antreten können. Überhaupt wurde der dem Odin geweihte Strauch bei unseren germanischen Vorfahren besonders hoch verehrt. Generell galt die Pflanze als stark antidämonisch, was sowohl auf ihre stechenden Nadeln als auch auf den balsamischen Duft zurückzuführen war. Geschah es trotzdem, dass einem Menschen Beulen angezaubert wurden, so konnte man diese mit einem Gemisch aus zerstoßenen Beeren des Strauches und Salz behandeln. Auch Wacholderschnaps galt als sehr starkes Mittel gegen angezauberte Krankheiten.

Gegen Dämonen und andere übel gesinnte Wesen wurden **Misteln** im Haus aufgehängt. Auf dem Dachboden aufbewahrt brachten sie den Hausbewohnern Glück. Überhaupt wurde der Mistel nachgesagt, das Glück anzuziehen. Wer sie bei sich trug, dem konnte nichts passieren. Für eine glückliche Ehe trugen einst die Bräute in der französischen Schweiz einen Kranz aus Mistelzweigen, Weizenähren und Eisenkrautblüten. Wuchs eine Mistel auf einem Hasel- oder Weißdornstrauch, konnte man davon ausgehen, dass darunter ein Schatz vergraben war. Verbreitet war auch der Glaube, dass die Mistel vor Blitzeinschlag schütze, da kein Baum, welcher Misteln trug, je vom Blitz getroffen wurde.

Dem vom Blitz getroffenen **Eichenholz** sagte man besonders zauberkräftige Eigenschaften nach. So war es einst Brauch, um die Zeit der Wintersonnenwende ein Stück Eichenholz (den Jul-Bock) – nicht ganz – zu verbrennen und die Kohle als heilbringendes Mittel

aufzubewahren. Die Asche dieses Jul-Bocks galt auch als besonders fruchtbar, sodass diese auf die Felder gestreut wurde, um eine gute Ernte zu garantieren. Die Volksmedizin nutzte auch die Eiche eifrig, um Krankheiten darauf zu übertragen. Eine einfache Methode war es, ein Kleidungsstück des Kranken an den Baum zu binden, wodurch sich augenblicklich die Krankheit auf diesen übertrug. Vergrub man den ersten ausgefallenen Milchzahn eines Kindes unter einer Eiche, so konnten die restlichen Zähne ohne Schmerzen durchbrechen. Regenwasser, welches sich in einem Eichenstumpf gesammelt hat, sollte gegen Warzen und Sommersprossen aufgetragen werden.

Die **Tanne** galt einst neben der Esche als der Weltenbaum und war untrennbar mit der Zeit der Wintersonnenwende und dem wiederkehrenden Licht bzw. Leben verbunden. Im Schwarzwald war es einst Brauch, einem Mädchen zum Zeichen der Zuneigung, statt einer jungen Birke eine Tanne (oder auch Fichte) zum 1. Mai vor die Türe zu stellen. Da der Baum immergrün ist, also auch im Winter sein Nadelkleid behält, wurden die Zweige als Lebensrute genutzt – das Schlagen damit steigerte die Fruchtbarkeit. Auch war es Brauch, Tannenzweige an die Türe zu hängen, um schlechte Energien abzuwehren. Übel gesinnte Wesen wären somit gezwungen, die Nadeln zu zählen und würden dabei ihr Vorhaben vergessen. Zog ein Sturm auf und der Hagel drohte das Korn zu vernichten, so musste man Tannenzweige zusammen mit Salz in das Herdfeuer werfen.

Register

Die Autorin

Mein Name ist Sonja Alruna Sacher und ich beschäftige mich seit mehr als 30 Jahren mit Kräutern und ihrer Wirkung auf Körper, Geist und Seele. Schon früh haben mich die heilsame Kraft der Pflanzen und die Verbindung zur Natur fasziniert – eine Leidenschaft, die bis heute gewachsen ist und mein Leben bereichert.

Mein Wissen und meine Erfahrungen gebe ich in Workshops weiter, in denen Menschen lernen, Kräuter bewusst im Alltag einzusetzen. Darüber hinaus findest du auf meinem Instagram-Kanal *@pflanzengeist_und_seelenzauber* zahlreiche Tipps, Inspirationen und Einblicke in meine Arbeit mit den Pflanzen.

Viele der im Buch vorgestellten Produkte – sowie weitere, thematisch passende Kräuter und Mischungen – findest du in unserem Online-Shop:
www.die-kraeuterwerkstatt.de

Wenn du selbst Kräuter im Garten anbauen möchtest, empfehle ich dir das breite Angebot an Saatgut und Pflanzen bei:
www.kraeuter-und-duftpflanzen.de

So kannst du die Inhalte dieses Buches nicht nur lesen, sondern auch direkt in deinem Alltag praktisch umsetzen.

Mit diesem Buch möchte ich dich dazu einladen, die Welt der Kräuter mit allen Sinnen zu entdecken und sie als wertvolle Begleiter in dein Leben zu integrieren.

BILDNACHWEIS

44 Farbfotos wurden von Sonja Sacher für dieses Buch aufgenommen.

Weitere Farbfotos von **Flora Press (8):** /Bureck, Caroline: 94; /Diez, Otmar: 15; /Föll, Christine Ann: 123; /Klaphake, Ute: 69, 97; /Schindler, Martina: 120; /Schmidt, Ulrike: 115; /Vision Pictures: 50; **Mauritius Images (2)**: /Gudrun: 84; /Pitopia: 57; **Naturfoto Hecker (11)**: Frank Hecker: 19, 30, 33, 68, 72, 88, 89, 90, 112, 132, 138; **Shutterstock (28):** /C M Photo: 11; /Dasha Kurinna: 76; /Denis Achberger: 23 li.; /ju_see: 2/3, 47, 52, 79, 96, 106, 131; /Kremena Ruseva: 44; /LanaG: 139; /Lidiia Kozhevnikova: 71; /LN team: 77; /maxbelchenko: 113; /Mira Drozdowski: 16; /Mvolodymyr: 118; /Nakaya: 45; /Nastyaofly: 108; /New Africa: 14, 105; /Oksana Shufrych: 37; /Oksana_Schmidt: 63; /Roman_studio: 100; /Tatevosian Yana: 20; /teatian: 64; /Vera Prokhorova: 26; /Voodison328: 95.

Mit 70 Illustrationen von **Mauritius Images (2)**: /Alamy Stock Photos/Historical image collection by Bildagentur-online: 60 u.; /Memento/Florilegius: 61; **shutterstock (268):** /4eka: 117, 139; /Akvarell-Design: 124; /anitapol: 9, 132, 136; /Anna L. e Marina Durante: 103, 110 o., 114 u.; /Anzhelika Larionova: 126 o.; /Arame: 125 u.; /arxichtu4ki: 48 u.; /Bartol_art: 93, 102 u.; /Buzina Svitlana: 21; /Cat_arch_angel: 17 (beide), 18, 60 o., 74 u., 82, 86 u., 91, 133, 134 o.; /Daria Ustiugova: 114 o., 125 o., 134 u.; /Ekaterina Lanbina: 127; /Elena Paletskaya: 116; /Farzanak: 102 o.; /Gringoann.art: 115; /guliy_art: 129; /IFofito: 14; /Innakote: 66; /Irina Violet: 75; /Kate Kreker: 121; /Katerin_vin: 12, 35; /Katia Kim: 20; /lyubava.21: 8; /Magician ART: 95, 97; /MayaNavits: 34; /mimomy: 122; /Naticka: 10; /Night Foxsong: 4/5 (alle 5), 67; /Ojardin: 92; /Oksava: 49; /Pavla aquarelle: 135; /Rawpixel.com: 65; /Retropix: 78; /ruozhou: 36, 48 o.; /Susie_p_art: 126 u.; /SvetaKhlivna: 74, 86 o., 87; /Tata Pilip: 29, 111; /Val_Iva: 118, 119; /ZCOOL HelloRF: 110 o.

IMPRESSUM

Umschlaggestaltung von GRAMISCI Editorialdesign/Claudia Geffert unter Verwendung von 15 Farbzeichnungen von shutterstock: Umschlagvorderseite: /Anzhelika Larionova (Mistel); /Buzina Svitlana (Monde); /guliy_art (Sichel); /Ifofito (Schaufel); /Kate Romenskaya (Kröte); /Nastya Che (Falter); /Naticka (Feder); /Night Foxsong (Mörser); /Rawpixel.com (Taubnessel); /Tata Pilip (Flasche); Buchrücken: /Katerin_vin; Umschlagrückseite: /Katerin_vin (Kräutersträuße, Glaslicht, Schere, Faden); /KateKreker (Windlicht).

Mit 93 Farbfotos und 70 Farbzeichnungen.

Alle Angaben in diesem Buch erfolgen nach bestem Wissen und Gewissen. Sorgfalt bei der Umsetzung ist indes dennoch geboten. Der Verlag und die Autorin übernehmen keinerlei Haftung für Personen-, Sach- oder Vermögensschäden, die aus der Anwendung der vorgestellten Materialien, Methoden oder Informationen entstehen könnten.

Gedruckt auf chlorfrei gebleichtem Papier

MIX
Papier | Fördert gute Waldnutzung
FSC® C110508

ISBN 978-3-440-18412-7
Projektleitung: Carolin Küßner
Redaktion und Bildredaktion: Carolin Küßner
Gestaltungskonzept: Gramisci Editorial Design, München/Claudia Geffert
Gestaltung und Satz: Katrin Kleinschrot, Stuttgart
Produktion: Klaus Jost
Druck und Bindung: Westermann Druck Zwickau GmbH, Zwickau
Printed in Germany / Imprimé en Allemagne